Christophe André, Jon Kabat-Zinn,
Pierre Rabhi y Matthieu Ricard

ACCIÓN Y MEDITACIÓN

Cambiarse a sí mismo para cambiar el mundo

Con Ilios Kotsou y Caroline Lesire

Traducción del francés de Miguel Portillo

editorial Kairós

TÍTULO ORIGINAL: SE CHANGER, CHANGER LE MONDE

Numancia 117-121, 08029 Barcelona, España
www.editorialkairos.com

Revisión de Alicia Conde

FOTOCOMPOSICIÓN
Grafime. Mallorca, 1. 08014 Barcelona

IMPRESIÓN Y ENCUADERNACIÓN
Romanyà-Valls. Verdaguer, 1. 08786 Capellades

Primera edición: Enero 2015
ISBN: 978-84-9988-430-1
Depósito legal: B 119-2015

«No creo que podamos corregir nada en
el mundo exterior que no hayamos corregido
previamente en nosotros mismos.»

Etty Hillesum

SUMARIO

INTRODUCCIÓN

Un día, dice la leyenda amerindia, hubo un inmenso fuego en el bosque. Los animales, aterrorizados y consternados, observaban impotentes el desastre. Solo el pequeño colibrí pasó a la acción, yendo a buscar algunas gotas de agua con su pico para echarlas al fuego. Al cabo de un momento, el armadillo, irritado por esta agitación irrisoria, le dijo: «¡Colibrí! ¿Es que te has vuelto loco? ¡No extinguirás el fuego con unas gotas de agua!». El colibrí le miró a los ojos y le respondió: «Lo sé, ¡pero hago mi parte!».

Muchos de vosotros ya habréis escuchado esta inspiradora fábula en boca de Pierre Rabhi. En un momento en que una cuarta parte de los habitantes del planeta consumen las tres cuartas partes de los recursos, seguramente también necesitamos convertirnos en colibríes para cambiar las cosas. A eso nos incita esta obra presentada por la asociación Émergences, cuya misión es reconciliar desarrollo personal y acciones solidarias.

Seguramente, al igual que nosotros, ya te habrás sentido indignado, conmovido o sublevado por la injusticia del mundo. Sin duda te gustaría remediarlo... Pero en estos momentos nos sentimos muy pequeños, muy poca cosa. ¿Quiénes somos nosotros para cambiar el mundo? Nosotros, que no siempre somos capaces de hacer frente a las pruebas de nuestra propia vida, ¿qué podríamos hacer a escala de la humanidad?

Los desafíos para alcanzar una sociedad más justa, más duradera, más respetuosa para con el ser humano y el medio ambiente son enormes, y además tenemos el tiempo limitado. Pero el germen del cambio está presente en muchos de nosotros. Nos parece importante reparar en esa energía y ayudar a que se desarrolle. Por todas partes hay hombres y mujeres que se movilizan, que crean iniciativas, modifican sus costumbres, ayudan a los demás, se interrogan y se activan, transformando así la sociedad. Pero, claro, a veces carecemos de herramientas, de modelos e incluso de esperanza, pero al aumentar nuestra confianza y consciencia, podemos alcanzar la masa crítica que hará bascular la sociedad hacia otro equilibrio.

Esta obra reúne las contribuciones de cuatro autores de gran sabiduría. Cada uno a su manera cambia el mundo, y comparten una voluntad real de transformar las consciencias y de llegar a los corazones para desencadenar una evolución profunda de la sociedad.

El primer capítulo explora la cuestión de la relación entre transformación global y personal; pone el énfasis en la urgencia de un cambio a fin de evitar alcanzar un punto de no retorno. El segundo capítulo, escrito por Christophe André, describe la manera en que la sociedad nos aliena y propone algunas vías de resistencia. En el capítulo 3, Jon Kabat-Zinn habla del impacto que un cambio de relación con nosotros mismos puede tener en el mundo. Es, claro está, cuestión de la meditación de consciencia plena (mindfulness), que Kabat-Zinn ha contribuido a desarrollar y dar a conocer por el mundo. En lo tocante al cuarto capítulo, este ofrece las esperanzas de Matthieu Ricard de un mundo más altruista. En el capítulo 5, Pierre Rabhi ilumina la extraña complicidad que nos vincula con la naturaleza y la importancia de preservarla para así poder ver germinar una sociedad más armoniosa. Finalmente, en el sexto capítulo, desarrollamos cómo poner en marcha nuestra consciencia.

A lo largo del libro, nuestros cuatro sabios presentan consejos prácticos que podemos poner en práctica, cada uno a su nivel. Al final de la obra hallarás ideas sobre acciones, asociaciones y vías concretas para lanzarse al cambio y relacionarse con los demás.

El desarrollo personal y la transformación social, ¿son opuestos o complementarios? ¿Cuáles son los frenos y las trampas que pueden obstaculizar esos cambios? ¿Cuál es la relación entre el desarrollo de nuestras consciencias y el cambio social? ¿Cuál es la importancia de nuestras relaciones con los demás para una transformación duradera? Estas son las preguntas que aborda este libro a lo largo de sus capítulos, que conducen a pensar en posibilidades de acciones muy concretas aplicables a la cotidianidad.

Esperanza es lo que nos gustaría inspirarte a través de la lectura de estas páginas. La naturaleza –de la que formamos parte– posee innumerables recursos y dispone de un genio creador extraordinario. Los termiteros, por ejemplos, construidos sin matemáticas ni ingenieros, son en la actualidad estudiados por los científicos a causa de su sistema de ventilación, que supera nuestras propias invenciones. Funcionan según un principio llamado emergencia. Es un fenómeno que se observa en distintos campos (biología, ecología): un sistema complejo (como un termitero o un hormiguero) no puede predecirse a través de la simple suma de sus componentes. Eso es lo que lo convierte en misterioso y mágico: el conjunto de las acciones comunes ofrece un resultado inimaginable a nivel micro. La naturaleza nos lo enseña continuamente: el todo es más que la suma de las partes.

Este libro pretende ser una ilustración viva de este principio, así como un detonante suplementario para poner en marcha esas acciones, esos sueños de colibrí que tantos sueñan y que ya se han concretado para otros.

El éxito colectivo de un mundo más justo y perdurable no es más que la convergencia de todos nuestros actos colectivos.

1

RESPONDER AL MALESTAR CONTEMPORÁNEO

ILIOS KOTSOU, CAROLINE LESIRE,
PIERRE RABHI Y MATTHIEU RICARD

En la actualidad, ya hemos dejado de contar los desastres socioeconómicos y ecológicos que le sobrevienen al planeta. Estamos preocupados, sobre todo, por esas crisis que nada parece poder detener. En un mundo cada vez más globalizado, que algunos consideran adicto únicamente a las leyes del beneficio y las finanzas, ¿cuál es nuestro margen de maniobra? ¿Qué podemos hacer para iniciar el cambio y contribuir al mismo?

Una primera opción consiste en comprometerse a nivel social, humanitario y político. Otro camino es el trabajo en uno mismo, para alcanzar más serenidad en este difícil mundo.

¿Meditador o militante?

Estas dos posturas suelen presentarse como opciones opuestas. A menudo se describe al militante de forma caricaturesca, como si actuase sin ser realmente consciente de lo que está en juego ni de los efectos de su acción, sin arraigo interior; y al meditador como un individuo egoísta, desconectado de los demás y del mundo, preocupado únicamente de su vida interior e incapaz de actuar. Si uno se toma la molestia de reflexionar al respecto, ¿sería realmente posible influir en este mundo sin transformarse uno mismo? ¿Comprometerse en favor de un mundo más justo y conforme a nuestros ideales no es también una manera alentadora de ocuparse de uno mismo? ¿Cómo despertar y reconciliar en nosotros al meditador y al militante?

«No creo que podamos corregir nada en el mundo exterior que no hayamos corregido previamente en nosotros mismos.» Esta frase de Etty Hillesum, que hemos elegido como exergo, es una primera respuesta. Esta jovial estudiante holandesa, curiosa y decididamente moderna, fue deportada a Auschwitz en la treintena. Los extractos de su diario,[1] que acaba mediante una carta enviada a una amiga desde el tren que

> *Somos* el mundo. Cambiarnos implica cambiar una parte del mundo, ínfima, es cierto, pero existente e importante.

la conducía hacia su funesto destino, testimonian su animada y comprometida espiritualidad.

De manera muy pragmática, el primer argumento descansa en la idea de que *somos* el mundo. Cambiarnos implica cambiar una parte del mundo, ínfima, es cierto, pero existente e importante. Además, somos la parte del mundo en que tenemos una influencia más directa. El astrofísico Hubert Reeves dice que la contaminación no es un gran problema, sino seis millardos de problemas pequeños. Al prestarle atención nos parece que es posible poner en marcha al menos seis millardos de pequeñas soluciones para hacer de este mundo un lugar más justo: el cambio está a nuestro alcance.

Con motivo de los ciclos de meditación de consciencia plena que dirijo (Ilios), son muchas las personas que testimonian la manera en que el cambio de relación con ellas mismas se traduce en sus relaciones con los demás y con el mundo. Recientemente, un empresario me dijo al finalizar su aprendizaje: «Vine en busca de herramientas para cambiar a los demás. Ahora he comprendido que el cambio solo puede empezar en cada uno de nosotros».

Asumir nuestra responsabilidad

«Al llevar a la humanidad en uno mismo, cada ser humano es responsable de ella en su medida», nos dijo Edgar Morin.[2] Como beneficiarios de este mundo, tenemos una responsabilidad en cuanto a su futuro. ¿Estamos realmente en situación de ejercer dicha responsabilidad? Estudios científicos, de los que habla Christophe André en el capítulo 2, dejan, efectivamente, entrever que la sociedad actual, bajo la influencia de ciertos factores (dinero, estrés, publicidad, etc.), nos aliena. Condicionados y manipulados, nos convertimos en extraños para nosotros mismos. ¿Cómo recuperar cierta libertad en nuestros actos y nuestras elecciones en este contexto?

¿Cómo ser más responsables, pero no en un sentido de culpabilidad, sino con una capacitación recuperada, y a fin de aportar la mejor respuesta a la situación que se nos presenta?

El verano antes de entrar en la universidad, me fui (Caroline) a Brasil para dedicarme a los niños y jóvenes de la calle en Recife. Al llegar a un hogar de acogida me resultó imposible contener las lágrimas. Frente a mí se hallaban chicas de mi edad e incluso más jóvenes, que ya eran madres –a veces de varios hijos– y que a menudo estaban hundidas por la vida. Me sentí impotente, desamparada e incluso culpable de vivir con algo de comodidad mientras que ellas no tenían nada. Didier y Christine, de la asociación que nos acompañaba, me dijeron: «Míralas, están contentas de verte y de hablar contigo, no te dejes devorar por la tristeza, no las ayudarás estando triste; al llorar, lloras sobre ti misma, pierdes tu energía. Guarda en tu corazón esa tristeza, esa pena, que mañana te servirán de motor para poder ayudarlas, a ellas y a todas y a todos los que te necesiten». En esas circunstancias me dije que mi acción, por insignificante que fuera, podía participar de manera significativa en los cambios en el mundo. Desde entonces me he concentrado en todos los cambios positivos, por pequeños que sean, y eso me ha ayudado, sobre todo cuando me siento impotente frente a las injusticias del mundo.

¿Cómo superar nuestra tristeza sin dejarnos desbordar por ella? ¿Cómo traducir nuestros miedos y nuestras indignaciones en acciones susceptibles de mejorar el curso de las cosas? La indignación es en efecto una etapa importante, pero es crucial que se convierta en motor de una acción dirigida hacia algo, hacia un modelo alternativo, y no solo contra el sistema existente. Stéphane Hessel, famoso militante de los derechos humanos y antiguo resistente, autor de *¡Indignaos!*, precisó, tras la aparición de su ensayo, que era importante que, más allá de la indignación, cada uno comprendiese que era creador, que había que resistir para crear sin cesar y crear para resistir sin cesar.[3]

Cuanto más indignados estamos, más necesidad tenemos de ser conscientes a fin de que nuestras ac-

Una historia sufí

A los 20 años, no tenía más que una oración: «Dios mío, ayúdame a cambiar el mundo, este mundo insostenible, invivible, de tamaña crueldad e injusticia».
Y luché como un león.
Al cabo de veinte años, pocas cosas habían cambiado.
A los 40 años, solo tenía una oración: «Dios mío, ayúdame a cambiar a mi mujer, mis hijos, mi familia». Y luché como un león durante veinte años, sin resultado.
Ahora que soy un anciano, solo tengo una oración: «Dios mío, ayúdame a cambiar».
Y hete aquí que todo el mundo cambia a mi alrededor.

Gandhi dijo: «Sé el cambio que te gustaría ver en este mundo». Si no habitamos nuestra vida y no encarnamos ese cambio en la vida cotidiana, es el mundo el que nos cambiará, y no nosotros los que cambiaremos el mundo.

ciones mantengan la coherencia con nuestros ideales. Pues, desconectados, aislados de nosotros mismos, nos arriesgamos también a desconectarnos de nuestros valores. La alienación extrae sus raíces del latín *alienus*, que significa «otro», «extraño». Designa ese proceso de desposeimiento del individuo de la pérdida del control de las propias fuerzas (a causa del condicionamiento social, la publicidad y la desinformación). Influidos por eso contra lo que luchamos, nos vemos determinados por el objeto de esta lucha. A partir de entonces, nos arriesgamos a comportarnos de manera injusta contra la injusticia, violenta en nombre de la paz, bárbara en nombre de los derechos del hombre. En la historia abundan los ejemplos de quienes se rebelaron en nombre de nobles ideales y se comportaron tan mal como aquellos a los combatieron, una vez ganada la batalla.

Existen más opciones de ver nacer acciones justas de consciencias interiores fuertes y serenas.

Dijo Gandhi: «Sé el cambio que te gustaría ver en este mundo». Si no habitamos nuestra vida y no encarnamos ese cambio en la vida cotidiana, es el mundo el que nos cambiará, y no nosotros los que cambiaremos el mundo.

Empatía y compasión, herramientas para uno mismo y los demás

Incluso preocupándonos por la marcha de mundo y sintiendo deseos de pasar a la acción, nos arriesgamos a amargarnos y desanimarnos con rapidez si nos sentimos desamparados frente a la magnitud de la tarea. Enfrentarse constantemente al sufrimiento ajeno o a la injusticia puede conducir con facilidad al agotamiento. Es lo que se conoce como «quemarse» o «fatiga de la compasión», como se la denomina entre el personal asistencial, aunque se trate de hecho de una fatiga del desamparo empático, pues la compasión es, por naturaleza, infatigable (algo que han confirmado recientes trabajos sobre neurociencia realizados por el equipo de Tania Singer). Otros se librarán, durante un tiempo, al huir de los sentimientos y las emociones ajenas, para protegerse. Pero ¿cuántos son los que acaban sintiéndose tan agotados que no son solo incapaces de pasar a la acción para cambiar el mundo, sino que se debilitan a sí mismos y se alejan de los demás? ¿Cómo resolver e impedir esta dolorosa deshumanización de las relaciones, producto de una incapacidad de soportar los sufrimientos ajenos?

Numerosas investigaciones han demostrado que la meditación, por ejemplo, lejos de alejarnos del mundo, nos une a los demás, favoreciendo incluso los comportamientos prosociales, es decir, los dirigidos hacia los demás, con el objeto de prestarles servicio, de reconfortarles o de compartir algo con ellos.

Tomemos el caso de las personas ancianas que, en nuestras sociedades, a menudo se encuentran solas, apartadas, que perciben el final de su vida como carente de sentido. Se sabe que la soledad es un importante factor de riesgo en el desarrollo de una enfermedad cardiovascular, la enfermedad de alzhéimer o de muerte precoz. Un reciente estudio, realizado por el investigador David Creswell,[4] de la Universidad Carnegie-Mellon, ha demostrado que la práctica de la meditación reduce la sensación de soledad en las personas ancianas, así como el riesgo de desarrollar enfermedades inflamatorias. La meditación no es, desde luego, la purga de Benito, y lo que realmente es urgente es incluir a nuestros ancianos en la sociedad. Pero esta práctica al menos cuenta con el mérito de desarrollar en ellos la sensación de estar conectados con una comunidad más amplia, y por tanto de sentirse unidos al mundo.

Otro estudio, realizado en esta ocasión a propósito de los comportamientos prosociales, por el equipo de Paul Condon,[5] de la Universidad Northeastern, de Boston, ha observado los comportamientos de partici-

Afilar el hacha

Un joven en busca de trabajo llegó una tarde a un campamento de leñadores. El primer día, trabajó muy duro y cortó muchos árboles. El segundo día, trabajó con tanto ánimo como el anterior, pero no llegó a ser ni la mitad de productivo. Molesto, decidió que para corregir su situación lo mejor sería ponerse a talar antes la mañana siguiente. Se puso a ello desde muy temprano y atacó con su hacha a los árboles con furia, pero fue en vano: cortó todavía menos. Avergonzado y desanimado, fue a hablar con quien le había contratado: «Siento mucho haberle decepcionado. He hecho todo lo que ha estado en mi mano para hacer honor a la confianza que depositó en mí, pero mis resultados son mediocres: no entiendo qué ha pasado». Tras escucharle, el jefe le preguntó al joven con tiento: «¿Cuándo fue la última vez que afilaste el hacha?». «No he tenido tiempo de hacerlo –contestó el joven aprendiz–. He estado muy ocupado talando árboles.»

> Cambiarse empieza por ocuparse de uno mismo afinando, aguzando, nuestras capacidades de consciencia, de sabiduría y empatía.

pantes a los que se hizo sentar en el único asiento libre de una sala de espera médica, para luego hacer entrar a una persona con muletas que se apoyaba contra la pared, mostrando ostensiblemente su malestar.

Ninguna de las otras personas sentadas se movió. Los investigadores compararon la reacción de los participantes dependiendo de si habían seguido o no una formación en meditación. Quienes la siguieron fueron cinco veces más susceptibles de levantarse para ceder su asiento que el resto.

Cambiarse empieza por ocuparse de uno mismo afinando y aguzando nuestras capacidades de consciencia, de sabiduría y empatía. Somos el instrumento que podemos utilizar para actuar en el mundo. Así que ese trabajo de cambio es tan importante que resulta urgente que hagamos ya algo al respecto.

La urgencia de un cambio

La situación en el mundo es de una naturaleza profundamente injusta y paradójica. En los países desa-

La escuela de bambú de Bodhnath es uno de los proyectos financiados por Karuna-Shechen. Cada edificio escolariza a casi dos mil niños.

rrollados o emergentes, nunca ha habido tanta creación de riqueza, ni un reparto peor de la misma que en los últimos cincuenta años. Al practicar la depredación, Occidente ha sabido salir bien parado, desde un punto de vista económico. No obstante, la crisis que se instala de forma duradera en nuestros países acaba por convencer a los más escépticos de los peligros y límites de este modelo. A nivel mundial, más de una persona de cada cinco no ha tenido acceso nunca a agua potable o está subalimentada. Menos del 10% de la población posee el 82% del patrimonio mundial, mientras que el 70% de los habitantes se reparten el 3%.[6] El 80% de la población está excluida de todo sistema de protección social. Sin embargo, en los últimos veinte años, la producción de riqueza se ha multiplicado por cinco.

Asistimos a un aumento general del malestar. La Organización Mundial de la Salud [OMS] ha establecido por otra parte una relación clara entre la depresión y el contexto de crisis económica.[7] Según la OMS, los problemas de salud mental (depresión, ansiedad crónica, fobias, adicciones, etc.) se han convertido, en Estados Unidos y en la Unión Europea, en la primera causa de invalidez en términos de número de días en los que las personas no pueden funcionar con normalidad en su vida, por delante del cáncer y las enfermedades cardiovasculares.[8]

PRINCIPALES CAUSAS DE INVALIDEZ
(ESTADOS UNIDOS Y EUROPA)

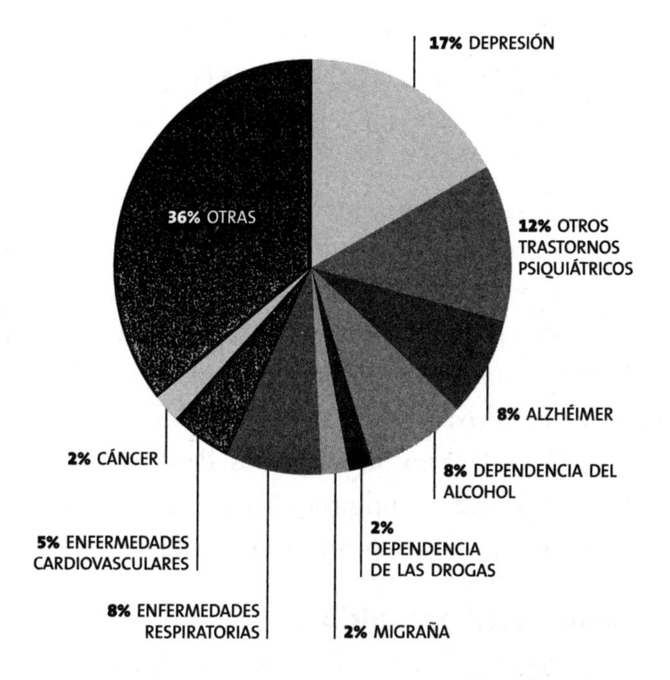

Además, lo constatamos a diario, en lugar de considerar nuestro magnífico planeta oasis como un tesoro extraordinario, lo reducimos a un yacimiento de recursos explotables hasta su agotamiento: hasta el último pez, hasta el último árbol.

El sistema en el que vivimos nos empuja a la alienación. Vivimos como si estuviéramos separados los unos de los otros y de la naturaleza. Al mantener sistemas

Al degradar la naturaleza, nos degradamos a nosotros mismos. Al alejarnos de la naturaleza, nos alejamos de nosotros mismos.

económicos y sociales individualistas e injustos, ponemos en peligro la sociedad de la que formamos parte. Somos un producto de la naturaleza y, en la actualidad, la destruimos. Al degradar la naturaleza, nos degradamos a nosotros mismos. Al alejarnos de la naturaleza, nos alejamos de nosotros mismos. Perdemos el rumbo que nos permitiría dirigirnos hacia un mayor bienestar, tanto para nosotros mismos como para los demás.

Al borde del precipicio

El concepto de «límites planetarios» fue introducido y explicado en un artículo aparecido en 2009 en la revista *Nature*, firmado por el sueco Johan Rockström[9] y otros veintisiete científicos de renombre internacional. Según Rockström: «La transgresión de los límites planetarios puede ser devastadora para la humanidad, pero si los respetamos, nos espera un brillante futuro en los siglos venideros».[10] Al mantenernos por debajo de esos límites, preservaremos un espacio seguro en cuyo seno la humanidad podrá continuar prosperando.

LOS DIEZ GRANDES CAMBIOS MEDIOAMBIENTALES

Hoy 1990 1970 1950 1800

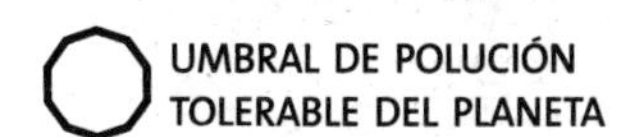

Figuras realizadas según Johan Rockström, del Stockholm Resilience Center.

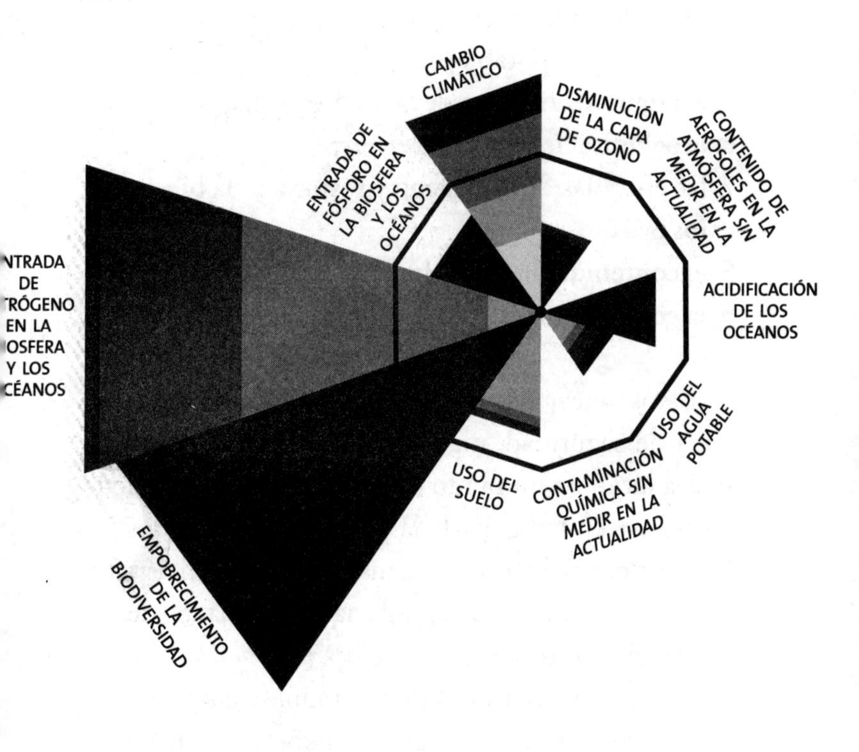

Para nueve grandes cambios medioambientales se han identificado los límites que no hay que franquear, en su mayoría con gran precisión:

1. **el cambio climático;**
2. **la disminución de la capa de ozono;**
3. **el uso del suelo (agricultura, ganadería, explotación de los bosques);**
4. **uso del agua potable;**
5. **el empobrecimiento de la biodiversidad;**
6. **la acidificación de los océanos;**
7. **las entradas de nitrógeno y fósforo en la biosfera y los océanos;**
8. **el contenido de aerosoles en la atmósfera.**
9. **la contaminación química.**

Estos nueve factores deben mantenerse en una zona de seguridad, más allá de la que nos arriesgamos a alcanzar un punto de no retorno. Como puede apreciarse en la figura de la página anterior, todos los factores cuantificados eran insignificantes en 1900 y permanecieron, en 1950, todavía muy alejados de los límites fijados posteriormente.

A partir de la década de los 1950, se entra en una época que Paul Crutzen, premio nobel de química, ha denominado «antropócena», en la que la influencia del ser humano sobre el sistema terrestre se torna predo-

Las aberraciones de la ganadería industrial

LOS ANIMALES, SERES SENSIBLES TRANSFORMADOS EN MÁQUINAS DE CARNE

Se calcula en unos 150 millardos el número de animales terrestres asesinados para o por el consumo humano. Cada año, los seres humanos deciden dónde, cuándo y cómo esos animales, tras haber vivido una media de una sesentava parte de su potencial de vida en condiciones detestables, dejarán de hacerlo.

IMPACTO MEDIOAMBIENTAL

En los grandes centros de cría intensiva, se pueden encontrar hasta 50.000 terneros o 100.000 pollos apiñados en un único lugar. El metano que emiten los bovinos es un gas que contribuye diez veces más al efecto invernadero que el dióxido de carbono y participa de forma importante en el calentamiento global. La cría industrial es, tras los edificios y antes que los transportes, la segunda causa de emisiones de gases de efecto invernadero.

FUENTE DE DESIGUALDADES

La gran mayoría de esta carne se consume en países ricos, pero es sobre todo en las tierras arables de los países pobres en las que se cultivan las proteínas vegetales que servirán para alimentar al ganado.

Hacen falta 10 kilos de proteínas vegetales asimilables directamente para producir 1 kilo de carne.

Una hectárea de tierra puede alimentar a 50 vegetarianos, pero solo a dos carnívoros. Cada año se producen 750 millones de toneladas de soja y de maíz solo para la cría industrial y los biocombustibles, mientras que en el mundo hay 1,4 millardos de seres humanos infra alimentados.

¿Y NUESTRA SALUD?

Todo esto ni siquiera es beneficioso para la salud de los seres humanos: un estudio efectuado por la Universidad de Harvard en 2012 sobre más de 100.000 personas a las que se realizó un seguimiento a lo largo de varios años concluyó que el consumo cotidiano de carne está asociado a un aumento del riesgo de mortalidad por enfermedades cardiovasculares –18% entre los hombres y 21% entre las mujeres– y cancerosas del 10 y el 16% respectivamente.[11]

minante. Por desgracia, los defensores del crecimiento a todo precio denigran a los científicos precursores que alertan a la humanidad acerca de la urgencia de un cambio. Se asiste así a lo que los científicos denominan la «gran aceleración». Todo aumenta: la población, el uso de abonos y de agua para la agricultura, la sobrepesca y la contaminación de los mares, el número de vehículos y la contaminación como el óxido de carbono y el metano, que procede de la ganadería industrial, así como la disminución de la capa de ozono. Las curvas ascienden de manera vertiginosa, y todos los problemas están relacionados.

En la actualidad, son tres los factores importantes que han superado sus respectivos límites –el cambio climático, la pérdida de biodiversidad (de diez a cien veces superior a las tasas de seguridad)[12] y la contaminación de nitrógeno (tres veces superior al límite de seguridad)–, y los otros seis se acercan rápidamente a sus límites. Se constata que la naturaleza sufre enormemente de todas las invenciones humanas. Se la

El punto muerto en el que nos encontramos es doloroso, pero puede ser fértil si no esperamos demasiado.

destruye en su estructura material: acabamos respirando aire contaminado, bebiendo agua desnaturalizada y consumiendo alimentos que están en igual situación; estamos a punto de perder de vista las mismas fuentes que, desde los orígenes, han constituido la vida. Eso sin olvidar la pérdida de la biodiversidad doméstica: el 60% de este patrimonio, transmitido de generación en generación, ha desaparecido en menos de un siglo. La humanidad se ve constantemente empobrecida en su capacidad de supervivencia. Los nitratos han superado con mucho las tasas de seguridad, el cambio climático desvela cada vez más sus mortíferas consecuencias en las cuatro esquinas del planeta.

Existe, desde luego, un margen de incertidumbre en las evaluaciones de estos límites, pero lo que está claro es que la biosfera ha entrado en una zona peligrosa. ¿Dónde nos arriesgamos a estar en 2050? Al ritmo actual, el 30% de todas las especies habrán desaparecido de la superficie del globo y, entre ellas, millones de especies de insectos indispensables para la salvaguarda de la biodiversidad. Nuestros excesos del pasado y

El altruismo es el hilo de Ariadna que permite reconciliar esos tres tiempos.

del presente comprometen incluso la existencia de ese plazo. Imagina que, en la actualidad, 100.000 personas deciden a puertas cerradas la suerte de los 7.000 millones de seres humanos vivos y de cientos de miles de millones de seres humanos y de especies animales que todavía no han nacido y que ni siquiera pueden protestar. Si se piensa bien, la violación más flagrante de los derechos de los seres vivos es sabotear el planeta que heredarán las generaciones futuras.

Un nuevo hilo de Ariadna

Numerosos indicadores muestran que hemos ido demasiado lejos en la destrucción de la Tierra. Tal vez nos despertemos un poco tarde, pero tal vez tengamos todavía la posibilidad de utilizar todas las facultades de la inteligencia humana para dejar de dedicarnos a la destrucción del planeta y pasar a establecer una armonía duradera entre los seres vivos y su entorno. El punto muerto en el que nos encontramos es doloroso, pero puede ser fértil si no esperamos demasiado. Se impone la duda, y esa duda propicia la aparición de otras maneras de pensar.

Un gran financiero estadounidense declaró hace unos años, hablando del aumento del nivel de los océanos y de sus consecuencias presentes y futuras, que le parecía absurdo modificar cualquier cosa en nuestros modos de vida actuales a causa de un hipotético cambio dentro de 100 años. ¿Cómo salir de esta actitud profundamente egoísta e irresponsable de: «Después de mí, el diluvio»?

Esta cuestión nos lleva ante uno de los grandes desafíos del mundo moderno: reconciliar tres escalas de tiempo: la escala del corto plazo, que rige cada vez más nuestras economías; la del medio plazo, que concierne a la calidad de vida de los seres humanos; y la del largo plazo, que tiene que ver con el medio ambiente.

- **Para ilustrar el corto plazo**, un buen ejemplo es la economía. Todos seguimos boquiabiertos los altibajos de la Bolsa, y raros son aquellos que comprenden algo de lo que sucede. Las salas de los mercados están invadidas por ordenadores capaces de efectuar hasta 400 millones de operaciones por segundo a fin de interceptar las más ínfimas variaciones a base de paladas de dinero.
- **El medio plazo** es el tiempo de una generación, de una familia, de una carrera profesional, de una vida.
- **El largo plazo** es el de la evolución de nuestro planeta y se cuenta mediante tramos de 10.000-100.000 años, pero, en lo sucesivo, el ritmo de los cambios se acelerará.

El altruismo es el hilo de Ariadna que permite reconciliar esos tres tiempos. Tener más consideración por los demás a corto plazo quiere decir dejar de jugar al casino con los ahorros de gentes que han confiado en los bancos y los inversores, es asegurar a todos una calidad de vida decente que les permita desarrollarse en la existencia, y no es sabotear el planeta que dejaremos a las generaciones futuras.

Para lograrlo es necesario respetar y proteger el derecho al bienestar de todos los seres vivos y desarrollarse con una sobriedad feliz, libre de las angustias creadas por la sed de un consumo sin límites. Es necesario preservar el vínculo con lo esencial. El antídoto también es poner fin a las divisiones, comprender la unidad de la realidad y todas las interdependencias a nivel ecológico. Comprender, a fin de cuentas, que la especie humana es una e indivisible, a pesar de las apariencias. Compartimos una profunda identidad común.

En todos los casos, no podrá haber cambio de sociedad sin cambio humano, pues somos nosotros quienes organizamos la sociedad según nuestra manera de ver.

2

LIBERARSE DE UNA SOCIEDAD ALIENANTE

CHRISTOPHE ANDRÉ

MÉDICO PSIQUIATRA, HA SIDO UNO DE LOS PRIMEROS EN INTRODUCIR LA MEDITACIÓN EN LA PSICOTERAPIA, EN EL HOSPITAL DE SAINTE-ANNE, EN PARÍS.

Una primera etapa del cambio consiste, me parece a mí, en ocuparse de uno mismo. Si digo esto es quizás porque soy psiquiatra, y no agricultor o político. Es fundamental ocuparse de uno mismo, pero no por ombliguismo o egoísmo, sino para proteger y restaurar lo que constituye nuestra humanidad: nuestra interioridad. Y esta interioridad está amenazada por una cierta forma de modernidad.

Así pues, cuanto más consumidores somos, más máquinas de comprar, de seguir la moda, de pegarnos a la televisión o a otras pantallas, menos humanos nos volvemos... Y cuanto menos humanos somos, más amenazantes resultamos para los otros seres humanos y para toda la Tierra. Así lo creo.

Mis palabras pueden parecer una crítica en toda regla de la vida moderna. No obstante, no todo es problemático en la modernidad. Para dar aunque sea un pequeño ejemplo, sin las innumerables ventajas del progreso, el encuentro que ha dado nacimiento a este libro no habría podido desarrollarse.

La cuestión no es denunciar, denigrar o echar a los perros a la modernidad y el progreso, pues vivimos una época apasionante y maravillosa, sino más bien reflexionar sobre lo que pudiera ser un buen uso, un uso prudente, y sobre todo exigente, de las condiciones de vida moderna. La urgencia de estos cambios, una urgencia como nunca ha existido en la historia de la humanidad, es imperativa. «Debemos aprender a vivir

Es fundamental ocuparse de uno mismo, pero no por ombliguismo o egoísmo, sino para proteger y restaurar lo que constituye nuestra humanidad: nuestra interioridad.

juntos como hermanos, si no moriremos todos juntos como idiotas», nos previno ya Martin Luther King en su último discurso, cuatro días antes de su asesinato.

Entre todas las amenazas que se ciernen sobre nuestro destino y sobre la naturaleza que nos rodea, he elegido presentar aquí algunos trabajos que demuestran el impacto del materialismo en las personas –de las que yo me ocupo, que frecuento–, en mis seres cercanos y familiares y en mí mismo. Estos trabajos también tienen la ventaja de estar íntimamente ligados a cada uno de nuestros gestos cotidianos, lo cual nos ofrece muchas ocasiones de actuar, como veremos al final de la obra.

La contaminación materialista

Es posible preguntarse legítimamente si, por primera vez en la historia de la humanidad, los progresos tecnológicos no acabarán engendrando más problemas que soluciones. Se sabe, por ejemplo, que en la actualidad, cuanto más materialista es una sociedad o un individuo, más se aleja de la felicidad.[1] Cuidado, en psicología, la palabra «materialista» no tiene el mismo sentido que para los filósofos: se trata del enfoque que nos conduce a privilegiar valores *materiales* como el dinero, el estatus social o la posesión, en detrimento de intereses más *inmateriales* como el compartir, la espiritualidad, el equilibrio interior, etc.

Cuanto más materialista es una sociedad o un individuo, más se aleja de la felicidad.

Son multitud los trabajos científicos que demuestran que el materialismo entraña sufrimiento, contrariamente a lo que intenta hacernos creer una sociedad que nos incita a consumir para ser más felices. Pues si la publicidad tiene éxito, es gracias a que nos venden promesas de mejor-estar, y no de sofás, coches o ropa. Pues, no obstante, sabemos con certeza que esas compras no comportarán más que una mejora transitoria del bienestar, a causa de la habituación hedonista. ¿Qué es la habituación hedonista? Es esa capacidad que tenemos de olvidarnos de disfrutar de una fuente de felicidad si está ahí, presente, todos los días. Igual que una persona sana considera normal poder caminar sobre sus dos piernas y olvida que es una felicidad y una gracia... hasta el día en que se fractura un tobillo. Tim Kasser, profesor de Psicología en Estados Unidos, del que Matthieu hablará en su capítulo, ha publicado numerosos artículos científicos[2] sobre el impacto del materialismo galopante en nuestra sociedad.

Se trata de un fenómeno que produce gran inquietud y que contamina poco a poco a las jóvenes generaciones. La idea no es decir que nosotros, los viejos, somos «buenos» y que los jóvenes son «menos buenos». Más bien es al revés: nosotros somos responsables del mundo en que crecen nuestros hijos y responsables de los valores que les transmitimos. Y este mundo está contaminado, polucionado por los valores materialistas. Desde hace algunos decenios, las universidades hacen pasar a los estudiantes que se matriculan cada año por cuestionarios de perfil de personalidad y observamos que, desde la década de los 1960, la tendencia al materialismo aumenta entre estos jóvenes, que son los ciudadanos del mundo del mañana.[3] Podemos decir que es una muestra de población limitada, en Norteamérica, que se trata de estudiantes de universidad y no del conjunto de los jóvenes, etc., pero es muy probable que esta enfermedad materialista nos concierna a todos y que poco a poco se vaya apoderando del conjunto de los habitantes del planeta, pues la occidentalización progresa en todo el mundo.

Es un verdadero problema porque una cultura, una civilización, no se reducen a los objetos que producen, también existen a través de los valores que promueven y que subyacen al funcionamiento de la sociedad. Ahora bien, esos valores están cada vez más contaminados o son reemplazados por nociones extremadamente materialistas como el estatus social, el dinero, la apariencia, la ascendencia, el rendimiento, el valor económico de las personas, su coste social, etc. Algunos valores más fundamentales empiezan incluso a ser corrompidos por esos contaminantes sociológicos, de la misma manera que las capas freáticas lo son por sustancias químicas.

Este proceso no es nuevo. El poeta y filósofo estadounidense Thoreau denunció ya este fenómeno en el siglo XIX, en el momento del nacimiento del capitalismo norteamericano y del mundo moderno:[4] «Creo que nuestra mente puede ser profanada de forma permanente con el hábito de escuchar cosas triviales, de modo que todos nuestros pensamientos se teñirán de vulgaridad». Thoreau tenía la certeza de que cuanto más expuestos estamos a un universo comercial, extremadamente cínico, más nos contaminamos, aunque en principio no compartiésemos esos valores.

El simple hecho de frecuentar ese mundo sin estar en guardia, sin mantener la distancia y sin contestarlo, nos hace peligrar. No basta con creer que disponemos de nuestra autonomía y libertad frente a esas derivas. Debemos tener bien claro que impregnan nuestra mente de la misma manera que la polución del aire, del agua o de los alimentos penetra en nuestro cuerpo. Es exactamente la misma cosa: se trata de contaminantes psicológicos y sociales muy potentes y constantes.

El hiperconsumo y el exceso

El primer problema al que debemos prestar atención es el exceso. Desde que existe la humanidad, la mayoría de las sociedades humanas se han enfrentado a la escasez, sobre todo en materia de alimentación. Para tener acceso a la misma, no bastaba con estirar el brazo. Hacía falta trabajar, aunque los alimentos fuesen accesibles, la cosecha requería de cierto número de esfuerzos. Desde entonces se ha conservado el valor simbólico de la alimentación. En la actualidad, esta enfermedad materialista específica de los países occidentales está a punto de contaminar la relación con los alimentos en todo el mundo. Los países emergentes, desde que empiezan a enriquecerse, pasan rápidamente de las enfermedades de carencia a las de exceso y, en algunas grandes ciudades, se combinan ambas plagas. Allí donde los habitantes sufrían de malnutrición hace pocos años, aparecen problemas de obesidad y de diabetes de tipo 2 (por sobrepeso).

El hecho de vivir en una sociedad en la que existe, por ejemplo, superabundancia de alimentos, es un problema, no una suerte. La experiencia de las ratas de cafetería resulta muy ilustrativa a este respecto.[5]

Hay otro estudio que resulta muy revelador del exceso contemporáneo. En 2010, los investigadores se pusieron a observar todos los cuadros de pintura occidental que representaban la Última Cena de

La experiencia de las ratas de cafetería

La idea consiste en utilizar ratas gemelas que posean las mismas características genéticas, el mismo pasado... En pocas palabras, que sean totalmente comparables.

- Las ratas del primer grupo tienen libre acceso a la comida habitual de los roedores (semillas, verduras, etc.): pueden comer todo lo que quieran. Se constata que el libre acceso a la comida no modifica en nada su apariencia física.
- En otra jaula está el segundo grupo de ratas, que tiene acceso libre a comida denominada «de cafetería», es decir, muy salada, muy azucarada, con muchos colorantes, el tipo de producto que se ve en la publicidad. Las ratas se ceban y comen mucho más de lo que necesitan, pues su cerebro no está hecho para resistirse a esta variedad. Se tornan obesas con rapidez.

Conclusión: los primeros roedores solo han comido lo que necesitaban. Han escuchado a su cuerpo y luego se han detenido. Enfrentadas a este exceso de mala alimentación diferente y sin fin, las ratas de cafetería no pueden regularse y caen enfermas.

> Los diabetólogos se interesaron en este modelo y lo trasladaron a los seres humanos, demostrando que la epidemia actual de diabetes está, en gran parte, ligada a este tipo de entorno alimentario.[7]

Jesús con los apóstoles[6] y se dieron cuenta de que en un milenio el tamaño de los platos y la cantidad de alimentos representados por los artistas había aumentado un 70%. Los frugales platos de la Última Cena original han ido dando paso a raciones cada vez más copiosas. Esos cuadros son el reflejo de esta tendencia al exceso: los platos son demasiado grandes, y las raciones también.

¿Cómo resistir en ese contexto? ¿Podríamos empezar prestando más atención a nuestro comportamiento en la mesa? Para no comer en sociedad a veces es necesario hacer un esfuerzo, mientras que comer es algo espontáneo. Ahí radica el problema y el núcleo de por qué el cambio resulta a la vez simple (decir no) y difícil (hacer un esfuerzo).

Así pues, el simple hecho de enfrentarnos al dinero nos hace menos solidarios y nos aleja de los demás.

La sobrexposición al dinero

Otra serie de estudios, en esta ocasión dedicados a la sobrexposición al dinero, presenta resultados igualmente perturbadores. En un estudio notable,[8] se separaron a los voluntarios en dos grupos. El primero fue sometido al *priming*, una técnica que activa el subconsciente de los sujetos respecto a una temática dada: concretamente, se les hizo realizar una serie de ejercicios sencillos con el ordenador, cuyo objeto no tenía importancia, en los que aparecían de vez en cuando fondos de pantalla que mostraban billetes de banco.

El objetivo era estimular discretamente el pensamiento «dinero» en ciertos voluntarios. En una segunda etapa, se reunió a los participantes en dos grupos en una sala de trabajos prácticos donde se les pidió resolver problemas más o menos complicados, precisando que, si necesitaban ayuda, podían pedírsela a otros participantes. Los sujetos estimulados por el dinero solicitaron menos ayuda y, cuando se la pedían a ellos, ofrecían menos consejos y dedicaban menos tiempo a atender la demanda. Cuando el examinador, sentado en una butaca, dijo, tras la prueba: «Sentaos junto a mí. Acercad la silla, para hablar un poco...», los voluntarios activados por el dinero acercaron menos su silla al examinador que los individuos del grupo de control.

Parece, pues, que el simple hecho de enfrentarnos al dinero nos hace menos solidarios y nos aleja de los demás, al menos durante un cierto tiempo, como mostró el experimento. Los resultados de este estudio pueden ser inquietantes si se piensa en hasta qué punto el dinero es omnipresente en nuestras vidas y hasta qué punto algunas personas lo sitúan en el centro de su existencia (por codicia a fin de acumularlo, o por necesidad para que no falte).

Pantallas, exigencias digitales y robos de la atención

Al exceso de alimentos se añade el exceso de interrupciones y exigencias, como los timbres, alarmas, sms, correos, tweets. Todas esas demandas y exigencias constituyen un problema. Los estudios sobre el bienestar demuestran que media hora de andar por un entorno urbano es mucho menos beneficioso para la salud que media hora andando en el bosque o en un parque.[9] Tal vez la explicación esté relacionada con la contaminación, pero otra hipótesis apunta como responsable al flujo de atención irregular, ya que nuestro estado de consciencia se ve interrumpido constantemente por el ruido, los semáforos, los carteles publicitarios que atraen incesantemente nuestra atención y que captan nuestra mente a través de todo tipo de estímulos urbanos.

«Debemos aprender a vivir juntos
como hermanos, si no moriremos
todos juntos como idiotas.»
MARTIN LUTHER KING

Recuerdo una historia que me contó una de mis pacientes. Una noche que miraba un programa de variedades en la televisión, creyó percibir, en el apartamento al otro lado del patio del edificio, el estroboscopio de una discoteca. De hecho, era la televisión del vecino, que proyectaba imágenes entrecortadas de colores chillones. La mujer se dijo: «Pero ¿qué se está metiendo en la cabeza? Si es epiléptico, se provocará una crisis… ¡Qué locura, de qué manera parpadea ese programa!». Luego continuó con su programa. Y de repente, sintió una duda: volvió a mirar los parpadeos de la televisión del vecino, luego la suya, y se dio cuenta de que ¡los dos estaban mirando el mismo programa! Absorta en lo que miraba, no se dio cuenta de hasta qué punto ella también padecía los cambios incesantes de planos-secuencias.

Si se compara la televisión de la década de los 1960 con la de hoy, se comprende que el principal cambio no es tanto la aparición del color, sino la aceleración del ritmo: hemos pasado de planos-secuencias que podían durar varios minutos a planos que rara vez exceden los tres segundos. ¿Propician esas imágenes fragmentadas el poder escuchar los argumentos del orador que se expresa? Evidentemente no, solo transforman el debate en espectáculo televisivo. Además, esta fragmentación de las imágenes representa, sin que seamos conscientes de ello, una agresión cerebral, que impide que nuestro cerebro se serene, escuche, reflexione y juzgue a partir del contenido y no de la forma.

Esta acumulación de reclamaciones genera, para algunos de nosotros –o para todos– problemas de estabilidad atencional. Quienes practican meditación saben que, cuando se empieza a meditar, no te encuentras con la calma, con el vacío, sino con un gran tumulto interior, con la inestabilidad de nuestro pensamiento que desvaría. En efecto, la tendencia natural de la mente es ese parloteo permanente. Incluso en esta materia, nuestro entorno actual, en lugar de ayudarnos, agrava de forma considerable esta tendencia y nos empuja no a reflexionar en la continuidad, sino a ser reactivos ante lo que nos enseña. Todo se convierte en un espectáculo entrecortado de publicidad.

Numerosos estudios demuestran la irresistible tendencia de la mente a vagar sin rumbo. Es algo natural,

Los investigadores han demostrado que nuestro bienestar no depende solamente de nuestra actividad, sino también del hecho de que estemos presentes, o no, en lo que hacemos.

pero está siendo reforzado por las múltiples contaminaciones que sufrimos. En un reciente estudio,[10] los investigadores pidieron a varios miles de personas que anotasen varias veces al día lo que hacían, cómo se sentían («bastante bien» o «bastante mal») y, sobre todo, si estaban atentos a la actividad que realizaban o si su mente estaba en otra parte. Para ello debían descargar una aplicación en su móvil que sonaba en el momento de contestar a las preguntas. Dicho de otra manera, se pedía a las personas que se hiciesen conscientes de su grado de presencia en la actividad que realizaban. Esos investigadores mostraron que nuestro bienestar no depende solamente de nuestra actividad, sino también del hecho de que estemos presentes, o no, en lo que hacemos, sea cual sea la actividad.

Por el contrario, cuanto más vagabundea nuestra mente, menos bien nos sentimos. Por ejemplo, rodeados de nuestros amigos pero mentalmente ausentes, somos mucho menos felices ¡que si nos consagramos plenamente a nuestro trabajo! Esta verdad del instante recuerda la importancia de la estabilidad atencional para nuestra felicidad. Se comprende la importancia y el gran y calibrable impacto que puede tener sobre nuestro bienestar la manera en que conducimos nuestras actividades y en que estamos presentes en el mundo.

Los peligros de la presión del tiempo

La enorme presión del tiempo que nos impone nuestra manera de vivir es un tema tal vez incluso más perturbador. El exceso de cosas pendientes para el fin de semana, las vacaciones o nuestros momentos de ocio nos ahogan.

> A veces me despierto el domingo por la mañana y me digo: «Pero ¿cómo vas a poder, en un solo día, ver a todas las personas que vienen a verte, contestar a todas las llamadas y hacer todo el bricolaje que tienes que hacer?». Es domingo, todo va bien y, sin embargo, a veces la presión está ahí. ¡Qué absurdo!

Un estudio experimental ya bastante antiguo muestra cómo un detallito como la sensación de urgencia puede atropellar nuestros valores y modificar los comportamientos. Esta observación se realizó con estudiantes de teología de idéntico perfil. Los investigadores les pidieron que preparasen una homilía sobre la parábola del buen samaritano.[11] Esta parábola, extraída del Nuevo Testamento, cuenta cómo un viajero que recorría una región un tanto peligrosa fue atacado por bandidos que le golpearon, le desvalijaron y luego le dejaron por muerto junto al camino. Pasó un primer viajero y luego otro, pero no se detuvieron, probablemente a causa del miedo.

Se da a los estudiantes la siguiente consigna: «Estudiaréis este texto con atención y prepararéis un sermón que grabaréis en un estudio situado en el barrio vecino». Una vez que los estudiantes se han sensibilizado frente al altruismo –gracias al texto– y sobre la ayuda que puede prestarse a los desconocidos, son enviados a un estudio cercano a grabar la homilía. A la mitad de estos estudiantes, se les dice: «Disponéis de tiempo, no os entretengáis por el camino, pero tenéis tiempo...». Y a la otra mitad: «Espabilad porque llegáis tarde, rápido, ¡si no se os pasará el turno y no podréis grabar!». En el camino, un comparsa tiene la misión de tirarse en el suelo y de gemir, como el viajero atacado de la parábola. Los investigadores querían comprobar si los rasgos de carácter, de personalidad y la calidad del texto estudiado tenían una influencia sobre el hecho de prestar ayuda. La presión del tiempo que se les metió a los estudiantes demostró ser la variable más influyente. Dos tercios de los estudiantes a los que no se había presionado diciéndoles que tenían poco tiempo se detuvieron para ayudar a la persona que había que socorrer, y solo un tercio no lo hizo (¡debían sentirse estresados ante la perspectiva de su grabación!). Por el contrario, la presión sobre el tiempo ejercida en el otro grupo dio como resultado ¡que solo se detuviese el 10%! ¡Uno de cada diez! ¡Y eso que eran estudiantes de teología que acababan de trabajar en una parábola sobre el altruismo!

La parábola del buen samaritano

Martin Luther King, en uno de sus últimos discursos antes de ser asesinado, utilizó esta parábola: «Sabéis, es posible que el sacerdote y el levita viesen a ese hombre tirado en el suelo y se preguntasen si los bandidos no seguirían en las inmediaciones. Puede que incluso creyesen que el hombre fingía. Que aparentaba haber sido desvalijado y estar herido para tenderles una trampa, aprovechándose de ellos repentina y fácilmente. La primera pregunta que se hizo el levita fue: "¿Qué me sucederá si me detengo para ayudar a este hombre?".

Pero luego pasó el buen samaritano. Y se hizo la pregunta contraria: "¿Qué le sucederá a este hombre si no me detengo a ayudarle?"».

Martin Luther King recuerda, con mucha inteligencia, que las dos personas que no se detuvieron sin duda tenían la misma razón que nosotros: el miedo. El tercero que pasó, el samaritano, se detiene. Socorre al viajero, lo lleva a una posada y entrega dinero al posadero para que se ocupe de él.

Eso debería hacernos más modestos. La facilidad con la que nuestras buenas intenciones y valores pueden desmontarse a causa de una sencilla sensación de falsa urgencia resulta desconcertante, hiriente, humillante, deprimente… ¡Pero muy real! Nuestras inclinaciones naturales o nuestros valores se ven obstaculizados una y otra vez por pequeños detalles como estos. Es necesario localizar incansablemente las maneras en que la impresión de ser atropellado por el tiempo, por la masa de cosas pendientes que existen en nuestras vidas puede desnaturalizar de manera progresiva nuestras capacidades de ser buenos seres humanos.

¿Qué podemos aportar concretamente a la sociedad?

¿Qué hacer? Puede parecer irrisorio, pero empezar a actuar es en primer lugar comprender que esas realidades existen, que tienen un impacto en nosotros y hacerse consciente de ello. Debemos hacernos conscientes de que esta contaminación de nuestras mentes, de nuestros corazones y de nuestros valores existe, que nos impregna, que no debe ser subestimada ni desatendida. Frente a estas múltiples influencias, nuestra actitud debe ser activa, vigilante y muy exigente.

Evidentemente, cada vez que se quiere cambiar algo requiere cierto esfuerzo. En cualquier caso, es importante no subestimar al adversario. Una de las convicciones que he adquirido al leer los estudios citados podría resumirse así: nos imaginamos más astutos de lo que realmente somos. Es un grave error creerse libres y fuertes frente a esas influencias e incitaciones: por el contrario, somos muy receptivos y, a menudo, no calculamos ni su importancia ni su fuerza.[12] Numerosos estudios de psicología y neuromárquetin estudian detalladamente cómo influirnos,[13] y las firmas consagran mucha inteligencia y dinero a esas maniobras, realizando un uso intensivo de los datos científicos disponibles.[14] Todo consiste en incitarnos a no reflexionar demasiado, a no pensar demasiado, a desatender nuestra vida interior.

Hace un tiempo, hemos visto aparecer en las pantallas anuncios publicitarios que comparan el precio de una sesión de psicoterapia con el de diversas prendas de vestir. Evidentemente, es más fácil subirse la moral gastando dinero sin pensar que pensando, a veces dolorosamente, en uno mismo. Estos anuncios me parecen muy representativos de los peligros que amenazan nuestra época. Son muchos los que utilizan ese registro: no te empeñes en ir al psiquiatra, date un gusto. Puede parecer gracioso, pero esas influencias sociales son tóxicas, pues sopesan dos movimientos que no tienen nada que ver, dos apuestas distintas, y ese pensamiento acaba banalizándose poco a poco.

Una vez más, hay que ser conscientes de que estas historias no son nuevas. A principios del último siglo, Stefan Zweig subrayaba «las condiciones nuevas de nuestras existencias que nos arrancan del recogimiento lanzándonos fuera de nosotros mismos igual que un incendio forestal echa a los animales del bosque».

Estas tendencias siempre han existido, pero su magnificación, su aceleración, los medios otorgados por la sociedad a estas fuerzas deshumanizadoras son nuevos. No obstante, existen soluciones, por ejemplo en la conexión a nuestros entornos naturales. Existen numerosos puntos de convergencia entre los valores de la plena consciencia y los valores ecológicos que defiende Pierre Rabhi. Es un vínculo afectivo, un vínculo

Tenemos la suerte de vivir una época extremadamente rica y apasionante, pero que, más que nunca, necesita que contemos, si no con referencias o valores, al menos con lo que en las prácticas meditativas se denomina una «intención».

de humildad, una consciencia de la dependencia de la naturaleza que nos une. Se sabe que ambos enfoques son perfectamente complementarios.

Diversos estudios subrayan la convergencia, es decir, la compatibilidad absoluta de las actitudes ecológicas y las de la consciencia plena.[15] Son estudios importantes, pues en una época determinada se escuchaba decir, bastante a menudo: «Sí, pero la consciencia ecológica implica tantas restricciones, tantas responsabilidades, que asusta a la gente, que altera su calidad de vida, de manera que no se comprometerá...». Los enfoques meditativos nos hacen mucho más sensibles a las emociones sutiles.[16] Cuando el meditador se encuentra frente a un anuncio o frente a un plato demasiado abundante, tendrá la oportunidad de sentir y escuchar que su corazón le dice: «Para. Esto no es así. Tenemos un problema». Esta sensibilidad puede salvarnos del bombardeo de las contaminaciones que nos incitan a más materialismo.

Finalmente, existe otra solución que consiste sin duda en conseguir que nuestra calidad de vida dependa en menor medida de elementos materialistas, privilegiando valores como la presencia en el instante, con los demás, en nuestras emociones, que implican un bienestar totalmente compatible con el compromiso ecológico.

El mundo en que vivimos es un mundo maravilloso. Tenemos la suerte de vivir una época extremadamente rica y apasionante, pero que, más que nunca, necesita que contemos, si no con referencias o valores, al menos con lo que en las prácticas meditativas se denomina una «intención»: saber dónde estamos, hacia dónde queremos ir y hacia qué queremos que converjan nuestros esfuerzos.

¿Cambiarse a uno mismo para cambiar el mundo?

Ambas cosas son indisociables. Porque no es posible (o no solamente) cambiar el mundo siguiendo un impulso, sino a la larga y mediante continuidad. Porque el cambio no es (o no solamente) destruir lo que no funciona, sino construir lo que se quiere ver emerger. Por estas razones, si no poseemos en nosotros las virtudes que queremos ver funcionando en el mundo, si no las encarnamos lo mejor que podamos, no podremos «contaminar» a los demás, no podremos resistir la dificultad y la adversidad.

Todos los progresos alcanzados al cabo de algunos decenios nos dan una razón para mantener la esperanza. Finalmente hemos comprendido que, a pesar de nuestra inteligencia, somos frágiles y dependientes. Dependientes los unos de los otros, y dependientes de la naturaleza. Esta toma de consciencia de nuestra fragilidad y de sus peligros pudiera muy bien salvarnos.

Me inspiran

MONTAIGNE (1553-1592)

Michel de Montaigne nos recuerda a cada relectura el sabor de la vida ordinaria. Mira lo que respondió maliciosamente a un interlocutor imaginario:

–Hoy no he hecho nada.

–¿Qué? ¿Es que no habéis vivido? No solo es vuestra ocupación fundamental, sino la más ilustre de ellas...

Montaigne nos recuerda que a veces no hacemos nada, ¡pero que siempre vivimos!

También nos da lecciones de sabiduría y apertura: por ejemplo, cuando viajando por Europa, se lamenta de no haberse llevado a su cocinero. ¿No le gustaban las cocinas locales? ¿Le habría gustado que le preparase platos del sudoeste de Francia? ¡De ninguna manera! Es precisamente al contrario: le hubiera gustado que su cocinero aprendiese recetas extranjeras, para poder regalar a sus amigos una vez de vuelta en casa. El espíritu de apertura y la sabiduría se ocultan a veces en pequeños detalles. No, a veces no: siempre.

El verdadero sabio se revela no a través de su discurso, sino de su manera de vivir. Por eso, me gusta, entre otros, Montaigne, y porque me inspira.

HENRY DAVID THOREAU (1817-1862)

A Thoreau se le conoce como el Diógenes norteamericano.

En *La desobediencia civil*, sienta las bases de la acción cívica no violenta. Inspiró a Gandhi y a Martin Luther King y mostró cómo la acción decidida y ejemplar de un solo hombre podía arrastrar a todos los demás. Thoreau también fue capaz, como cuenta en otra de sus obras, *La vida sin principio*, de sublevarse contra la *obsesión* de la acción: «Creo que no hay nada, ni siquiera el delito, más opuesto a la poesía, a la filosofía, a la vida misma, que esta actividad incesante».

Thoreau rinde finalmente homenaje, en *Walden*, su obra maestra, a la soledad abierta al mundo y a la vida.

Fue uno de los precursores de la ecología moderna. Toda su obra, en especial su monumental *Diario*, que empieza por fin a ser traducido y publicado en francés, está permeado por una convicción: solo permaneciendo en contacto con la naturaleza entra el ser humano en contacto con su plenitud, protege su salud y estimula su inteligencia. Si se aleja de ella, corre peligro.

MIS TRES LÍNEAS DE ACTUACIÓN PARA ESTAR PRESENTES EN NUESTRAS VIDAS

1. La desintoxicación digital

¿Qué puede hacerse para mejorar esa presencia en nuestra vida? ¿Para liberarnos, por ejemplo, de las dependencias digitales?

- Conseguir que nuestro primer gesto de la jornada no sea encender el ordenador y consultar el correo o el muro de Facebook, sino sentarnos, respirar, meditar.
- Tomar la decisión, varias veces al día, de no contestar al teléfono o a los correos y simplemente concentrarnos en lo que estamos haciendo en el trabajo o con la familia.
- Así pues, antes de querer cambiar el mundo, antes incluso de querer cambiarnos a nosotros mismos, tal vez sería más conveniente empezar a regresar a nuestra interioridad, observar lo que sucede, elegir de qué ocuparnos y, a partir de ahí, retomar el curso de

nuestras existencias, permaneciendo conscientes y atentos a las decisiones que debemos tomar.

Ahí es donde empiezan los cambios. Al tomar a solas la decisión de hacernos más presentes en nuestra vida, nos hacemos también más presentes para nuestros familiares y amigos, y eso es algo extremadamente contagioso.

2. Comer con consciencia plena

Cuando nos hallamos frente a un plato, somos capaces de escuchar al cuerpo y preguntarnos: «¿Realmente tengo hambre? ¿De verdad tengo ganas de comer lo que me ofrecen? ¿Es necesario que obligue a mis amigos, a mis hijos, a acabar lo que tienen en el plato?».

Pero también hay otras muchas cosas que hacer: cada vez que sea posible, pedir porciones más pequeñas. Militar en favor de acabar con la malsana tendencia a sobredimensionar las raciones. Hacerlo solo es complicado, y necesitamos asociaciones que tomen el relevo, que militen y gruñan a fin de interrumpir este derroche. Y debemos apoyarlas en sus acciones.

3. Cultivar la gratitud, la generosidad

Recordar, cada día de nuestra vida, ¡que todas las alegrías proceden de lo que nos rodea: ¡gratitud! Así pues, cada día:

- hacer algo por otro ser humano (una sonrisa, un consuelo, una donación, una ayuda, una oración);
- y algo por la Tierra (admirarla, agradecerle, protegerla);
- ¡y luego no olvidarnos de hacer algo por nosotros mismos (concedernos un momento agradable, de tranquilidad, de sentido, de consciencia plena)!

Amarlo todo: ¡la vida es bella! Y dar mucho: ¡es incluso más bella cuando se comparte!

3

MINDFULNESS (ATENCIÓN PLENA): LA REVOLUCIÓN EN EL CORAZÓN DE UNO MISMO

JON KABAT-ZINN

PROFESOR EMÉRITO DE MEDICINA EN LA UNIVERSIDAD DE MASSACHUSETTS, HA CONVERTIDO LA MEDITACIÓN EN UNA HERRAMIENTA DE CUIDADOS ASISTENCIALES UTILIZADA EN MÁS DE 700 HOSPITALES DE TODO EL MUNDO.*

Si te preguntan qué acciones llevar a cabo para cambiar el mundo, tal vez no consideres de manera espontánea el hecho de cultivar una intimidad contigo mismo como una línea de acción interesante. O tal vez

* *Este capítulo ha sido redactado a partir de las intervenciones de*

digas que hay cosas más urgentes que hacer, que pensarás en ello más tarde... Por otra parte, eso es lo que se hace cuando se considera un cambio de rumbo en nuestras costumbres: se fija el plazo para «más tarde», para mañana, para dentro de una semana, a la vuelta de las vacaciones, el año que viene...

Pero ¿cuándo, si no ahora, estamos verdaderamente vivos y cuándo podemos cambiar verdaderamente algo en nosotros y en el mundo que nos rodea? La idea que mindfulness desarrolla es precisamente estar presentes intensamente en cada instante de la propia vida. Para explicar la importancia del momento presente me he acostumbrado a mirar mi reloj y, ante la pregunta: «¿Qué hora es?», responder: «Vaya, es asombroso, Dios mío, ¡sigue siendo ahora!».

Krishnamurti decía que entre el interior y el exterior de uno mismo no solo existe una verdadera relación, sino también entre el hecho de estar inmóvil y el de ponerse en movimiento. Pues sí, cuando uno se encariña con el sentido del momento presente, se ve que en realidad no existe ninguna diferencia auténtica entre lo que pasa en el interior y en el exterior de nosotros mismos. Parece algo evidente al leerlo, pero cuando se vive, es una evolución total, completa.

Jon Kabat-Zinn con motivo de las conferencias Émergences en Bruselas, el 28-29 de septiembre de 2012.

Para explicar la importancia del momento presente, me he acostumbrado a mirar mi reloj y, ante la pregunta: «¿Qué hora es?», responder: «Vaya, es asombroso, Dios mío, ¡sigue siendo ahora!».

En un mundo que contribuye a proyectarnos fuera de nosotros mismos, como ha explicado Christophe André, la meditación mindfulness me parece una herramienta indispensable para cambiar el mundo, una herramienta de cambio para capacitarnos a fin de hacernos conscientes de quiénes somos, no para convertirnos en otro. Sentándose y permaneciendo inmóvil una persona puede cambiarse a sí misma y cambiar el mundo. De hecho, quien se sienta y permanece inmóvil ya ha alcanzado ese objetivo, de manera modesta, pero no nimia.

En términos de cambio, no se puede decir que la meditación sea una práctica muy variada, pero, en la meditación, la repetición es buena cosa. Eso es lo que nos permite hacernos conscientes de que pertenecemos a una red y formamos parte de un todo que va mucho más allá de la superficie de nuestra piel. Y

La esencia del mindfulness es verdaderamente universal. Está vinculado con la naturaleza de la mente humana más que con cualquier ideología, creencia o cultura.

así, repitiendo el mismo proceso de introspección, nos «taoizamos», nos hacemos conscientes de que estamos metidos en un fluir de cambios perpetuos que existen independientemente de nosotros y de nuestra consciencia.

Las herramientas de mindfulness nos permiten darnos cuenta de que en nuestra vida nosotros somos la auténtica y más importante autoridad. Nadie en este planeta te conoce mejor que tú mismo. Y nadie tiene tantas posibilidades como uno mismo de encarnar la totalidad de nuestro potencial para desarrollarnos y convertirnos en nosotros mismos.

Un remanso de estabilidad en medio de la tormenta

En pali, la lengua que se hablaba en tiempos del Buda, la palabra utilizada para designar la meditación era *bha-*

vana, que se traduce literalmente por «cultivar, familiarizarse». En la literatura, y sobre todo a través de las diferentes corrientes del budismo, se hallan numerosas definiciones de la atención plena que hacen referencia a lo que inicialmente dijera el Buda. Para no entrar en la definición de los distintos términos, recordemos que se trata de cultivar nuestra sabiduría, nuestra capacidad de discernimiento (en el sentido de clara visión), nuestro equilibrio entre mente y corazón, lo que puede expresarse en términos de inteligencia emocional, de compasión y benevolencia en el interior de nosotros mismos.

Mindfulness es la consciencia que emerge cuando se dirige la atención imparcial al instante presente. Nyanaponika Thera, monje budista de origen alemán, decía a propósito del mindfulness que era la clave maestra de nuestra capacidad infalible para conocer la mente. La atención y la consciencia no tienen nada especialmente budista. La esencia del mindfulness es en realidad universal. Está vinculada antes con la naturaleza de la mente humana que con cualquier ideología, creencia o cultura.

La meditación mindfulness nos invita a cultivar y desarrollar capacidades que ya están presentes en nosotros. Utilizando una metáfora de Thich Nhat Hanh, que está relacionada con el capítulo de Pierre Rabhi, las semillas están en la tierra, el potencial está ahí, presente. Es pues cuestión de regar esas semillas con regularidad, de manera adecuada. Basta con abrir el corazón. Y como vivir con mindfulness nos resulta tan difícil a los seres humanos, esta actitud necesita ser cultivada no solo de vez en cuando, al sentirnos demasiado estresados, sino de forma regular, cotidiana.

Sin embargo, la verdadera práctica meditativa es una forma de ser, no una técnica: es más que permanecer sentado en un cojín o una alfombra. Sí, claro, la postura también es importante, pero no puede limitarse la meditación a eso. La práctica abraza toda nuestra vida, instante a instante, y tiene que ver con las decisiones que adoptamos; nos abre los ojos a funcionamientos automáticos basados en costumbres. Es muy fácil mirar sin ver, escuchar sin oír, comer si saborear, no sentir el perfume de la tierra húmeda tras un chaparrón, e incluso tratar con los demás sin ser conscientes de las emociones que se intercambian.

Podríamos imaginar que desarrollar mindfulness, sería un poco como hacer musculación con pesas en un gimnasio. En la práctica del mindfulness, uno se

La verdadera práctica meditativa es una forma de ser, no una técnica: es más que permanecer sentado en un cojín o una alfombra.

enfrenta a la resistencia de la fuerza de la costumbre y se trabajan los músculos de la serenidad, la claridad mental y el discernimiento.

Cuando se empieza a dirigir la atención y a observar lo que sucede en nuestra mente, nos damos cuenta de que tal vez no sea un caos total, pero sí un caos mezcla de muchas otras cosas, una mezcla compleja entre la que siempre estamos intentando encontrar nuestro camino. La idea de la meditación es descubrir un lugar de estabilidad donde situarse en medio de toda esta complejidad. Y el cuerpo es un lugar formidable para empezar. En inglés existe una expresión que dice: «*You can't leave home without it*», no puedes marcharte de casa sin él (sin el cuerpo), al contrario de todo lo que uno puede olvidar, como las gafas, las llaves, el móvil... Lo mismo vale para la respiración, que nos acompaña desde el primer al último hálito. Por eso el cuerpo y la respiración pueden convertirse en fantásticos aliados de la atención y conducirnos al momento presente.

Utilizar la respiración para anclarse en el presente no es pensar en la respiración o en la sensación de la misma, sino sentirla: es un poco como cabalgar las olas de la respiración como una hoja sobre la superficie de un estanque, o como si nos encontrásemos abordo de una almadía flotando sobre las suaves olas de un océano o un lago, sintiendo las sensaciones de la respiración, momento a momento.

Un conocimiento de sí mismo transformador

Un día, el célebre sabio sufí Nasrudín fue al banco a cobrar un cheque por una importante cantidad. El banquero le dijo: «Es un cheque realmente importante, Nasrudín. ¿Podrías identificarte?».

Nasrudín revolvió el interior de su bolsillo, pero en lugar de sacar su carnet de identidad, extrajo un pequeño espejo. Y tras observar su reflejo, con mucha seguridad, le contestó al banquero: «Pues sí, ¡parece que sí que soy yo!».

Todos tenemos un nombre, una edad y una historia o varias historias que nos contamos y a las que nos colgamos. Creemos saber quiénes somos, de dónde venimos, adónde vamos. Pero de hecho ninguna de esas historias es completamente verdadera. Si nuestros padres hubieran estado con otro espíritu en el momento de nuestro nacimiento, tal vez nos llamaríamos de otra manera. Y en cuanto a la edad, ¿es realmente tan

En la práctica del mindfulness, uno se enfrenta a la resistencia de la fuerza de la costumbre y se trabajan los músculos de la serenidad, la claridad mental y el discernimiento.

importante? Después de todo, no es más que una convención calculada basándonos en el número de veces en que la Tierra ha girado alrededor del Sol desde el primer día de nuestra vida.

Si mediante la práctica de la meditación llegamos a habitar la totalidad de nuestra presencia, aunque solo sea durante un nanosegundo, podremos saborear otra experiencia de nosotros mismos y del mundo. Y en cuanto nuestra mente se ponga a divagar, adoptaremos la costumbre, en primer lugar, de darnos cuenta de lo que ocupa nuestra mente, y luego, en un segundo movimiento, podremos trasladar al primer plano de nuestra atención tal vez la sensación de la respiración en nuestro cuerpo u otra cosa, lo que sea, y eso en cada ocasión en que nos distraigan nuestros pensamientos habituales. Esta es la manera en que se puede desarrollar esta capacidad de estar más plenamente en presencia de la totalidad del potencial de nuestro ser humano.

El mindfulness no es una terapia y desde luego tampoco una psicoterapia, pero es terapéutica. El autoconocimiento que aporta es transformador y sanador en sí mismo. Ahí residen la sabiduría y la compasión. Meditar no es obligarse a ser feliz cuando se es desdichado, no es reducir la velocidad cuando se va con prisas, no es obligarse a dejar de emitir juicios cuando lo hacemos. Pues al hacer eso, nos juzgamos a nosotros mismos, ponemos en funcionamiento nuestra mente

«Vivir es ser útil a los demás.» SÉNECA

El mindfulness no es una terapia y desde luego tampoco una psicoterapia, pero es terapéutica.

autocrítica. Además, eso implica que se trata simplemente de reparar dos o tres cosas a fin de ser budas más iluminados, más realizados y perfectos. Considerar la meditación de esa manera es errar el tiro, pues, de hecho, no hay nada que reparar, pues ya somos perfectos. Es normal sentirse a veces angustiados, perdidos, tristes. Lo que se intenta desarrollar es simplemente una nueva manera de ser durante este tipo de experiencia. Un estado en que abrazamos y englobamos nuestro miedo, nuestra ansiedad y nuestro dolor, en el interior de esta atención plena (mindfulness). Esta actitud nos permite entrar en contacto con una dimensión totalmente distinta de nosotros, que siempre estuvo ahí, pero que nunca percibimos, la dimensión de nuestra propia sabiduría interior, que ciertas tradiciones denominan «naturaleza búdica».

En ese sentido, mindfulness podría considerarse como una práctica de liberación de la mente, en el sentido en que uno se libera de la deficiente comprensión que posee de la naturaleza real del ser. Eso aclara el aspecto no dual de la realidad en nosotros mismos. Tal y como aparece escrito en el *Sutra del corazón*: «No hay ningún sitio al que ir, ninguna cosa que hacer ni ningún estado particular que realizar». Sería un error buscar un estado de mindfulness de la mente, un estado meditativo. En su lugar, es preferible tender a reconocer nuestra verdadera naturaleza tal y como es, en este preciso momento. Me parece extremadamente importante no consagrar demasiada energía al aspirar a un estado eventual que habría que alcanzar en el futuro, sino, por el contrario, a consagrarse total y completamente a la atención plena (mindfulness) del instante presente con una inmensa compasión y mucha benevolencia por uno mismo.

La revolución del mindfulness

Hasta hace bien poco, la meditación era percibida, en el mejor de los casos, como un enfoque espiritual y filosófico, y en el peor, como una fantasía New Age o del movimiento *hippy*.

Con mindfulness (o atención plena) se asiste por vez primera a la confluencia de dos corrientes epistemológicas: por una parte, los métodos científicos aparecidos en el Renacimiento y, por otra, la ciencia procedente del Dharma, desarrollada hace varios milenios. Al igual que nuestro córtex cerebral, que posee dos hemisferios que interaccionan, cada vez son más las personas que incorporan esta confluencia en ellas mismas, en su propio cuerpo, en su corazón y en su mente.

Y todas esas personas que han entrado en contacto con el potencial de cambio profundo a todos los niveles de su ser se convierten en una fuente de inspiración para su entorno. Por supuesto, el único medio para comprender en profundidad el potencial de este enfoque es integrarlo completamente a la propia experiencia personal, pero el ejemplo crea ya una dinámica. En el mundo de la medicina, por ejemplo, cada vez hay más personas dispuestas a consagrar su vida al desarrollo de una medicina del mindfulness, tanto profesionales como pacientes.

Ciencia y consciencia

Una mañana, con motivo de un encuentro del Institute Mind and Life (véase página 89) que reunió en un diálogo informal a científicos y meditadores, el Dalái Lama preguntó: «Todas estas charlas son muy interesantes, pero ¿qué podemos aportar verdaderamente a la sociedad?». Ese fue el principio de un programa de investigación sobre los efectos a corto y largo plazo de la formación de la mente que constituye la «meditación». Participé con Richard Davidson, de la Universidad de Wisconsin en Madison. Se pusieron en marcha diversos estudios en los laboratorios de Francisco Varela en Francia, de Richard Davidson y Antoine Lutz en

Madison, de Paul Ekman y Robert Levenson en San Francisco y Berkeley, de Jonathan Cohen en Princeton y de Tania Singer en Maastricht y Zúrich. Tras la fase de exploración inicial, se estudió a meditadores experimentados –monjes y laicos, hombres y mujeres, orientales y occidentales–, todos con entre 10.000 y 60.000 horas de meditación consagradas al desarrollo de la compasión, el altruismo, la atención y el mindfulness. La experiencia dio lugar a varios artículos publicados en prestigiosas revistas científicas. Habían nacido las neurociencias contemplativas.

En la actualidad, cada vez son más los científicos «racionales» que se interesan y practican meditación, lo que les permite concebir estudios científicos basados en su experiencia personal, con un formato particular y un cuestionario específico. Esta reciente evolución nos ayuda a comprender verdaderamente lo que es la meditación en primera persona y a profundizar la exploración. Considerar que la ciencia se interesa exclusivamente en lo externo y que las tradiciones meditativas se vuelcan en lo interno revela desde luego vanidad heurística y una generalización grosera, además de simplista. No obstante, no se puede negar que el estado de ánimo y el modo de investigación científica dan la impresión de estar sobre todo dirigidas hacia el exterior, mientras que del lado de las tradiciones contemplativas, la exploración parecería más interior.

ESTUDIOS CIENTÍFICOS SOBRE LA MEDITACIÓN MINDFULNESS ENTRE 1980 Y 2012[1]

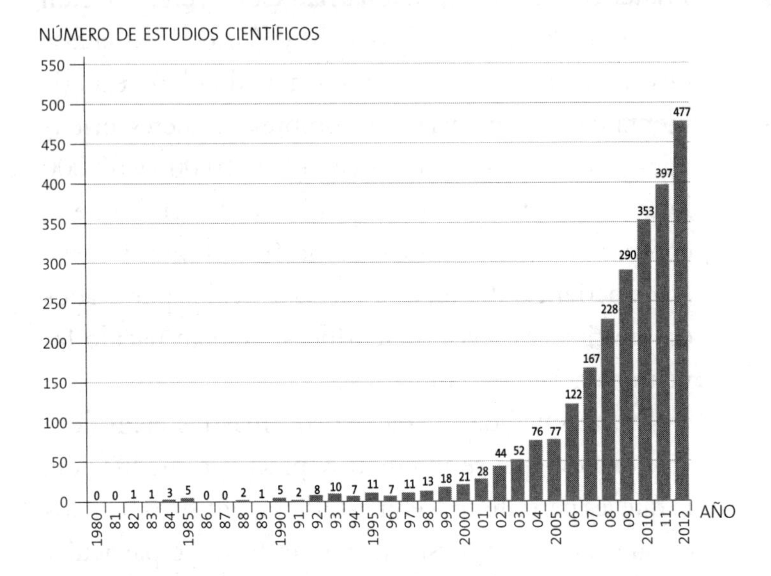

Los «Diálogos» del Institute Mind and Life han contribuido a cuestionar y borrar las delimitaciones de esta naturaleza. En esta cuestión participan en una fecunda interacción de distintos caminos de conocimiento e iniciativas prometedoras en materia de investigación, asegurando de este modo la intermediación entre los grandes movimientos actualmente en curso. Cuando en 1979, hace 34 años, fundé la clínica de reducción del estrés en el seno de la Escuela de Medicina de la Universidad de Massachusetts, nunca hubiera podido imaginar que la investigación en el campo del

Encuentros Mind and Life

Al Dalái Lama siempre le han apasionado las ciencias. Los primeros encuentros Mind and Life se imaginaron como una serie de cursos para permitir que se familiarizase con disciplinas científicas que le interesaban en particular, pero que no tuvo la ocasión de abordar en su educación tradicional como monje budista. Se desarrollaron en su residencia de Dharamsala, en la India. Así nació, en 1987, el Institute Mind and Life, creado por Francisco Varela, famoso investigador de neurociencia que practicó meditación con grandes maestros tibetanos, así como por el hombre de negocios estadounidense Adam Engle. A lo largo de los años, estos diálogos han acogido a psicólogos e investigadores de neurociencia, médicos y filósofos, físicos, expertos en biología molecular y educadores, así como contempladores y monjes de distintos linajes budistas y de otras tradiciones espirituales. En la actualidad, los trabajos del Institute Mind and Life ya no se limitan al diálogo y el conocimiento, pues se traducen igualmente en programas, intervenciones e instrumentos capaces de procurar beneficios tangibles a los seres humanos. De manera progresiva, se añadieron sesiones de diálogos más abiertos al público, que integraban a estudiantes, científicos e intelectuales, para posibilitar que más personas contribuyesen en estas investigaciones colectivas.[2] Ahora existe una rama europea[3] del Institute Mind and Life, con sede en Zúrich, que ofrece conferencias y diálogos de primera línea.

mindfulness llegara a ser tan activa. Se desarrolla a tal velocidad que el número de artículos publicados sobre el tema se ha quintuplicado entre 2005 y 2010 (*véase* la figura de la página 88).

Las investigaciones en neurociencia han permitido demostrar que muchos de nuestros mecanismos funcionan como sentidos. Ese es en especial el caso de la propiocepción, gracias a la cual conocemos la posición de nuestros miembros y su tono, como cuando nos llevamos un alimento a la boca: todo el mundo puede hacerlo con los ojos cerrados. No es necesario ver, el cuerpo sabe. Otro ejemplo es la interocepción, que nos permite percibir las señales de nuestro cuerpo sin prestar atención. En ese sentido, me gusta pensar que el mindfulness es una de estas capacidades sensoriales que nos ayuda a que estemos mucho más familiarizados con los intercambios que se efectúan entre el mundo y nosotros y con lo que percibimos a través de nuestros sentidos.

Mindfulness, una herramienta al servicio de los pacientes

Numerosos estudios han puesto en evidencia que cuando los pacientes se forman en esta cultura de la atención se observa una disminución considerable de sus síntomas, y de la patología, sea cual sea esta. También se ha constatado su influencia positiva en las relaciones de los enfermos con familiares y amigos, así como en el ámbito de su propia vida. Eso no significa, claro, que la enfermedad que padecen desaparezca, pero descubren nuevas posibilidades de relacionarse con su experiencia del momento, con la enfermedad, con su cuerpo, y eso representa una enorme libertad. Estudios recientes realizados por resonancia magnética han evidenciado cambios físicos en ciertas regiones del cerebro al cabo de solo ocho semanas de MBSR:* al nivel del hipocampo, del córtex cingular posterior, de la confluencia temporoparietal y del cerebelo, zonas implicadas respectivamente en el aprendizaje y la memoria, la empatía y la toma de distancia, la coordinación motriz y la regulación de las emociones,[4] estaba presente una densidad acrecentada de materia gris. También se ha observado un espesamiento de

* MBSR: Mindfulness Based Stress Reduction (reducción del estrés basado en el mindfulness), conocido como REBAP en español, programa ideado por Kabat-Zinn. *(N. del T.)*.

la amígala, correlacionada con reducciones del estrés percibido.[5]

Entre los numerosos beneficios científicamente validados de la meditación mindfulness conjugada con la terapia cognitiva, puede citarse la disminución del 50% del riesgo de recaída en pacientes que ya hayan padecido al menos dos episodios de depresión grave.[6] En los pacientes aquejados de psoriasis, facilita la curación si a la vez se sigue un tratamiento de fototerapia, que suele ser bastante estresante. Junto con el doctor Jeff Bernhard, jefe del servicio de dermatología de la Universidad de Massachusetts, hemos formado dos grupos de pacientes. Durante estas sesiones de fototerapia mediante rayos ultravioleta, un grupo fue sometido a ejercicios de meditación y el otro no. Los pacientes que meditaron se curaron cuatro veces más rápido. Este estudio clínico es un buen ejemplo de medicina integradora que combina tratamientos médicos convencionales y no convencionales.[7]

En colaboración con el doctor Richard Davidson, de la Universidad de Wisconsin en Madison, hemos llevado a cabo otro estudio sobre bienestar y salud. Un primer grupo tomó parte en el programa de ocho semanas de MBSR. Antes del ciclo de iniciación a la meditación, los esquemas de activación cerebral eran idénticos en los dos grupos. Pero tras las ocho semanas de formación, los meditadores mostraron un aumento

Un ejemplo concreto: el programa clínico de reducción del estrés basado en el mindfulness (MBSR)

El programa[8] clínico de reducción del estrés basado en el mindfulness (MBSR) se presenta como una formación de ocho semanas que los pacientes siguen en el hospital, un día a la semana, más toda una jornada en silencio, el sábado de la sexta semana. Las sesiones semanales duran dos horas y media y cuentan con entre 20 y 30 participantes aquejados de diferentes patologías (dolor crónico, estrés, enfermedades, etc.).

Durante toda la duración del ciclo, los participantes participan durante 45 minutos al día de diversas prácticas de meditación formal (escaneo personal, meditación sentada, *hatha yoga* y mindfulness) e informal (meditación integrada en la vida cotidiana).

Este tipo de programa conoció un éxito exponencial (véase el gráfico de página 88).

El MBSR se enseña en 550 centros, hospitales y clínicas solo en Estados Unidos, y en otras 700 instituciones médicas de todo el mundo, tanto en América del Sur como en Hong Kong, China, Australia, Europa y Canadá.

de la activación de ciertas regiones del córtex frontal izquierdo, mientras que en el grupo que no siguió la formación ocurrió lo contario. Estos cambios cerebrales mostraban un aumento de las emociones positivas y una gestión más eficaz de las dificultades en condiciones de estrés. El grupo de participantes que practicaron (el grupo MBSR) mostraron igualmente una mayor respuesta inmunitaria a la vacuna contra la gripe que se les administró al final del estudio. Finalmente, y siempre en ese grupo, se observó una significativa correlación entre la evolución producida en el córtex cerebral de los participantes (activación del lado izquierdo en lugar del derecho) y la producción de anticuerpos, mientras que en el grupo de control no se observó correlación alguna.[9]

Cultivar la atención

El mindfulness también ha aportado mucho al mundo de las organizaciones. En una de las investigaciones más conocidas sobre la atención, los investigadores en psicología Daniel Simons y Christopher Chabris, de la Universidad de Illinois,[10] hicieron visionar a estudiantes un vídeo de 75 segundos en el que se veían a dos equipos de tres estudiantes jugando al baloncesto. Los equipos se diferenciaban por el color de su dorsal, blanco o negro. A continuación se le pidió a la mitad de los participantes que contasen el número de pases que se hacían los dorsales blancos, y a la otra mitad de los participantes los efectuados por los dorsales negros. Al cabo de 45 segundos, una persona disfrazada de gorila atravesó la cancha. Mientras que el 67% de los observadores de los dorsales negros lo vieron, solo el 8% del resto de participantes, los que contaban los pases de los jugadores con dorsales blancos, repararon en él. Cuando propongo este ejercicio en alguna conferencia mostrando este vídeo, siempre obtengo el mismo resultado, y eso que es un vídeo que puede verse en Internet y que se trata de una investigación publicada. ¿Qué es lo que explica este paradigma que los investigadores denominan la evitación atencional? ¿Cómo es posible que no veamos algo tan visible como un hombre burdamente disfrazado de gorila? El hecho es que hemos recibido una consigna, y nuestra mente decide que, para dar la respuesta adecuada, que requiere revelar el número exacto de pases entre los jugadores de dorsales blancos, la mejor manera de hacerlo es dejar de lado todo lo que no es blanco y, en particular, todo lo que sea negro. De repente, el gorila se presenta en segundo plano de la retina, pero el cerebro es tan listo que decide no verlo, pues no es eso lo que le preocupa.

Es algo que se produce en numerosas situaciones de nuestras vidas, sobre todo en el trabajo. Es fácil no escuchar lo que otros dicen, sobre todo si no es necesario escucharlo. Es un fenómeno muy extendido entre los líderes, lo que crea un entorno de trabajo muy tóxico.

Los colaboradores están condicionados para presentar al líder solo aquello que le place o entra en su esquema de pensamiento.

Otto Scharmer, un amigo, profesor en el MIT,[11] estima que un buen liderazgo requiere en toda situación cualidades específicas de atención e intención. Para mí, ahí es donde el liderazgo actúa con atención plena, en sus dimensiones de compasión y de presencia encarnada. Como toda organización está compuesta de personas, la intención de un líder que aplica la atención plena debería ser apoyar el potencial pleno de todas las personas, ofrecerles una profunda confianza acerca de la manera en que toma sus decisiones e imaginar posibilidades que nadie había imaginado hasta entonces.

«Pivotar» en la consciencia: un trabajo individual e institucional

Otto Scharmer me decía no hace mucho: «Vivimos una época de fracaso institucional donde se crean colectivamente resultados que nadie desea (violencia, pobreza, cambio climático, epidemias). Esta época requiere el desarrollo de una nueva consciencia, de una forma nueva de liderazgo colectivo, de una capacidad que nos permita abordar los distintos desafíos de manera mucho más consciente, deliberada y estratégica».

Creo que la formación en mindfulness puede ayudarnos en lo referente a efectuar una rotación ortogo-

Es fácil no escuchar lo que otros dicen, sobre todo si no es necesario escucharlo. Es un fenómeno muy extendido entre los líderes, lo que crea un entorno de trabajo muy tóxico.

nal de nuestra consciencia. Puede parecer vago e indefinido, pero es algo que todos podemos hacer. Se trata de corregir un sesgo que nos impide ver lo que está justo delante de nosotros y nos permite percibir cosas que por lo general se nos escapan. En cierta manera es curarse de una especie de ceguera colectiva, algo relacionado de todas todas con las transformaciones que hay que llevar a cabo en el mundo. Como si se pasase de un mundo plano en dos dimensiones a una tercera dimensión espacial, perpendicular a las otras dos. Esta rotación de consciencia nos permite ver mucho más de lo que nos autorizamos a ver normalmente, y deja que nuestra creatividad e imaginación se manifieste. Cuando pivotamos en nuestra consciencia de manera que el mundo parece de repente más grande y más real, entrevemos lo que los budistas denominan la realidad absoluta o última, una dimensión situada más allá de todo condicionamiento capaz de reconocer el condicionamiento cuando este aparece. Es entonces cuando se manifiestan nuevas oportunidades, que incluso pueden curar y transformar el mundo a todos los niveles, desde el nivel individual al de los negocios, las organizaciones, las naciones y servir mejor a la humanidad.

Esta nueva presencia es tan vasta que puede contenerlo todo, incluso el conjunto de nuestros pensamientos, sean los que sean. Al ver las cosas de este modo, se incluyen también en el cambio el conjunto de nuestros pensamientos y emociones. Y es importante, porque a veces estamos tan condicionados y somos tan prisioneros de nuestras emociones que olvidamos que influyen considerablemente en la manera en que vivimos y en que desplegamos nuestro ser. No obstante, si soñamos con poder cambiar lo que existe fuera de nosotros, es absolutamente importante reconocer todo lo que sucede en nuestro interior a fin de no proyectar nuestras emociones y frustraciones hacia el exterior.

> En cierta manera es curarse de una especie de ceguera colectiva, algo relacionado de todas todas con las transformaciones que hay que llevar a cabo en el mundo.

Cambiarse a uno mismo para cambiar el mundo

El hecho de que tantas personas, nada susceptibles de ser excéntricas consagren cotidianamente tiempo a la meditación es algo maravilloso, inimaginable hace 30-40 años. Habría sido inconcebible que un psiquiatra del Hospital de Saint-Anne como Christophe André se ocupara del mindfulness como lo hace en sus dos últimos libros. Y que el mindfulness sea algo tan innovador en los campos de la psicología, psiquiatría, medicina y la neurociencia. A este respecto, es muy importante que consigamos mantener nuestra integridad en el desarrollo de esta práctica.

Desde hace 30 años, el mindfulness ha sido objeto de detalladas investigaciones. Ahora sabemos que esta orientación de la mente tiene un enorme potencial de cambio y sanación. Una sanación entendida en sentido amplio, que engloba nuestra salud física, pero también las emociones y la manera en que nos inscribimos en la totalidad de lo que nos concierne en el planeta.

Me inspiran

MI MUJER, MYLA, Y MIS HIJOS.

MIS ESTUDIANTES Y MIS COLEGAS.

De hecho, me inspiran todos aquellos a los que he conocido en los círculos en los que gravito.

MIS CONSEJOS PRÁCTICOS

1. Sigue aquello que te inspira

Si la meditación es tu fuente de inspiración, practica la cultura del mindfulness de todas las maneras posibles e imaginables, como si tu vida dependiese de ello… porque así es.

2. Sé creativo

El mundo necesita verdaderamente que cada uno de nosotros consagre todo su ser a manifestar su imaginación, creatividad y amor. De hecho, es una necesidad urgente y vital.

3. Encarna tu verdad y tu amor momento a momento

La cuestión no es tanto: «Me cambio y luego cambio el mundo», como ser ya lo que eres, en tu plenitud, en todas las dimensiones de lo que quiere decir ser un ser humano. Se trata de encarnar tu verdad y tu amor momento a momento, día tras día, con toda la plenitud que te sea posible, en los momentos agradables, pero también en los momentos difíciles.

Cuando vives así, el mundo ya es distinto, en proporciones que parecen ínfimas, apenas significativas. De hecho, lo que pudiera parecer pequeño no lo es. Esas transformaciones son gigantescas y su poder de curación inmenso, tanto interior como exteriormente.

4

MAÑANA, UN MUNDO DE ALTRUISTAS

MATTHIEU RICARD

MONJE BUDISTA, FOTÓGRAFO E INTÉRPRETE DEL DALÁI LAMA, MANTIENE NUMEROSOS PROYECTOS HUMANITARIOS.

Cambiar el mundo, viene a ser lo mismo, desde mi punto de vista, que transformarse a uno mismo para servir mejor a los demás, al tiempo que se evita cambiar el mundo de manera destructiva, devastando el medio ambiente, explotando a los animales y provocando la desaparición de numerosas especies. Ello implica contar con una actitud responsable a todos los niveles. Cambiarse a uno mismo para cambiar el mundo es liberarse de toxinas mentales como el odio, la codicia, los celos, el orgullo y el espíritu de venganza que envenenan nuestra existencia y la de los demás. Vamos a ver juntos que para poder cambiar el mundo, primero hay que haber descubierto el sentido de la propia experiencia, y luego intentar compartir lo aprendido.

Desde el punto de vista colectivo, este cambio pasa por una evolución de nuestras culturas, actitudes, motivaciones, valores y prioridades. Ello implica, sobre todo, pasar de una cultura que preconiza el individualismo y el sálvese quien pueda, a un mundo que toma más en consideración el altruismo y la cooperación, que siempre ha conformado el núcleo de la evolución.

Relacionarse con los demás es algo que se aprende

¿Existe el verdadero altruismo? Si la respuesta es afirmativa, ¿podemos cultivarlo, ampliarlo como un talento o una capacidad? En su capítulo, Jon ha insistido en los numerosos trabajos de investigación acerca de los efectos de la meditación que tienen lugar en la actualidad. Al principio, esos estudios han empezado con meditadores veteranos, que se han practicado entre 10.000 y 50.000 horas, tanto hombres como mujeres, tanto laicos como monjes y monjas. Los resultados de estos estudios han demostrado que la capacidad de desarrollar la compasión y el altruismo no depende de la cultura oriental u occidental, ni del género masculino o femenino: se trata sobre todo de una cuestión de formación

Cambiarse a uno mismo para cambiar el mundo es liberarse de toxinas mentales como el odio, la codicia, los celos, el orgullo y el espíritu de venganza que envenenan nuestra existencia y la de los demás.

Vale la pena quedarse, de cara a la sociedad, con que no es necesario haber meditado 50.000 horas: algunas semanas de meditación, 30 minutos diarios, ya tienen efectos beneficiosos.

En uno de estos estudios, un instructor entrenó durante dos semanas, a razón de 20 minutos al día, a un grupo de personas para que pensasen primero en los demás, para ponerse en el lugar del otro, para engendrar en su mente el amor altruista, la benevolencia, la compasión hacia quienes sufren. El grupo de control (siempre hay que hacer una comparación, si no los estudios no son válidos) fue entrenado para utilizar un método psicológico conocido con el objetivo de que engendraran comportamientos prosociales.[1]

Este método consiste en considerar las situaciones desde una perspectiva distinta, más amplia: si alguien

> Para poder cambiar el mundo, primero hay que haber descubierto el sentido de la propia experiencia, y luego intentar compartir lo aprendido.

te insulta, en lugar de concentrarse únicamente en el insulto, en el incidente y los aspectos desagradables de la persona, se amplía la perspectiva y se toma en consideración lo que vive la persona, sus comportamientos habituales. Los resultados han mostrado que la meditación favorece todavía más los comportamientos prosociales. Este estudio, realizado por Helen Weng en el laboratorio de Richard Davidson (pionero en los estudios de neurociencia de la meditación), ha mostrado cambios a nivel cerebral, en especial en lo relativo a la amígdala (una estructura cerebral relacionada con las emociones, sobre todo con el miedo y la agresividad).

Estudios preliminares, también realizados por el equipo de Richard Davidson, han podido demostrar que un entrenamiento muy sencillo en atención plena y cuidados realizado con párvulos puede dar resultados impresionantes.

Tendidos sobre la espalda, niños de 4-5 años, procedentes en su mayoría de entornos desfavorecidos, aprendían, por ejemplo, a concentrarse en el vaivén de su respiración y en los movimientos de un osito de peluche depositado sobre su pecho. Luego el formador les ayudaba a comprender que lo que les serenaba era lo que permitía que los otros niños estuvieran también serenos. Al principio de cada sesión, los niños expresaban en voz alta la motivación que debía inspirar su jornada: «Que todo lo que piense, todo lo que diga y lo que haga no cause daño alguno a los otros, sino que por el contrario, los ayude».

Están presentes algunos elementos de un programa de diez semanas concebido por el Centro de Investigación de la Buena Salud Mental (Center for Investigating Healthy Minds), fundado por el psicólogo y neurocientífico Richard Davidson. Su colaboradora Laura Pinger y sus otros colegas no enseñan este programa más que tres veces por semana, a razón de sesiones de 30 minutos, pero su formación tiene un notable efecto en los niños, que preguntan a los monitores por qué no vienen cada día.[2]

A lo largo de las semanas, se conduce a los niños de manera natural a practicar actos de bondad, a darse cuenta de que lo que les incomoda también incomoda a los demás, a identificar mejor sus emociones y la de sus compañeros, a practicar la gratitud y a formar deseos benevolentes para ellos mismos y para los demás. Cuando se sienten perturbados, se les enseña que ciertamente pueden resolver sus problemas actuando sobre las circunstancias externas, pero también actuando sobre sus propias emociones.

A los niños se les acompaña a continuación a hacerse conscientes de que están unidos a todos los otros niños del planeta, a todos los colegios y todos los pueblos, que por su parte aspiran a la paz y dependen los unos de los otros. Eso les hace sentir gratitud con respecto a la naturaleza, los animales, los árboles, los lagos, los océanos y el aire que respiramos, y a darse cuenta de que es importante cuidar nuestro mundo.

Los investigadores han evaluado los efectos del programa preguntando en profundidad a enseñantes y padres acerca del comportamiento y actitudes de los niños antes y después de la formación. Esta evaluación ha revelado una neta mejoría de los comportamientos prosociales y una disminución de los trastornos emocionales y conflictos entre los participantes en el experimento.

Los científicos añadieron un último test, el llamado «de las pegatinas». En dos ocasiones, al principio y al final del programa, entregaron a cada uno de los niños cierto número de pegatinas que a los pequeños les chiflan, así como cuatro sobres sobre los que figuraban, respectivamente, una foto de su mejor amigo(a), de quien

Es posible arrancar las raíces de la discriminación enseñando altruismo a los escolares.

menos apreciaban, de un niño desconocido y de otro visiblemente enfermo, con una venda en la frente. A continuación pidieron a cada niño que repartiese como desease las pegatinas en los cuatro sobres, que serían distribuidos entre sus compañeros. Al principio de la intervención, los niños concedieron la casi totalidad de las pegatinas a su mejor amigo(a) y muy pocas a los demás.

No obstante, al finalizar el programa, la diferencia fue espectacular: los niños dieron un número igual de pegatinas a las cuatro categorías de niños. Ni siquiera diferenciado entre su compañero preferido y el que menos les gustaba. Se calibra el alcance de este resultado cuando se sabe hasta qué punto suelen ser muy definidas y duraderas las divisiones ligadas a la sensación de pertenencia a un grupo.

A la vista de los sorprendentes resultados de este método, de su simplicidad y del efecto que podría tener en el desarrollo ulterior de los niños –que conforma actualmente el objeto de otro estudio–, parece lamentable que no se ponga en práctica en todo el mundo. De hecho, el ayuntamiento de Madison ha demandado en la actualidad al equipo dirigido por Richard Davidson por ampliar este programa a varias escuelas de la ciudad. Cuando el Dalái Lama tuvo conocimiento de los resultados, dijo: «Una escuela, diez escuelas, cien escuelas y luego, a través de Naciones Unidas, las escuelas de todo el mundo».

Ayudar a los demás para sentirse bien

En otro estudio, se pidió a las personas que durante una semana llevaran a cabo cinco actos de amabilidad y benevolencia. Podían efectuarlos en distintos días de la semana, o bien concentrarlos en el mismo día. El ejercicio se desarrolló durante un mes y luego se evaluó el nivel de bienestar de los participantes. Se observó que realizar esos cinco actos en el mismo día engendraba mucha mayor satisfacción a largo plazo. Parece pues que si solo se realiza una acción altruista por día su efecto acaba diluido en el resto de nuestras actividades, mientras que hacer cinco buenas acciones en el mismo día cambia nuestra actitud de una manera más duradera. Eso no solo beneficia a los demás, que es el objetivo principal, sino que también nos confiere a nosotros una sensación mayor de plenitud.

Por otra parte, en otro experimento, Barbara Fredrickson, una de las pioneras de los estudios científicos sobre la psicología positiva, pidió a los participantes que cultivasen la benevolencia, el amor altruista y la

«El amor no dura. Es mucho más efímero de lo que nos gustaría reconocer a la mayoría. Pero es indefinidamente renovable.»

compasión durante ocho semanas meditando 20 minutos al día. Los resultados no dejaron lugar a dudas: este grupo, que estaba constituido por legos en materia de meditación, aprendió a sosegar su mente y, además, a desarrollar de manera notable su capacidad de amor y benevolencia. Comparados con las personas del grupo de control (a quienes se ofreció participar en la misma formación una vez finalizó el experimento), los sujetos que practicaron la meditación sintieron más amor y compromiso en sus actividades cotidianas, así como serenidad, alegría y otras emociones beneficiosas.[3] En el transcurso de la formación, Fredrickson señaló igualmente que los efectos positivos de la meditación sobre el amor altruista persistían durante la jornada, más allá de la sesión de meditación, y que, día tras día, se observaba un efecto acumulativo. Los controles sobre la condición física de los participantes también mostraron que su estado de salud había mejorado claramente. Incluso había aumentado su tono vagal.[4]

Nawalparashi, en Nepal, una de las ocho escuelas de bambú construidas con la ayuda de Karuna-Shechen. Los padres acompañan a sus hijos el día de la apertura de la escuela. Hay un ambiente festivo.

En su último libro, titulado *Love 2.0*, Barbara Fredrickson explora los efectos del amor altruista en nuestra salud y bienestar.[5] El amor altruista, evidentemente es bastante más que el amor romántico, como podemos imaginar, pues incluye todas las relaciones de benevolencia y proximidad entre los seres. Barbara Fredrickson define el amor como una resonancia positiva que se manifiesta cuando tres acontecimientos suceden simultáneamente: compartir una o varias emociones positivas, una sincronía entre el comportamiento y las reacciones fisiológicas de dos personas y la intención de contribuir al bienestar del otro, intención que engendra una atención y un afecto mutuo.[6] Según Fredrickson, el amor es a la vez más vasto y abierto, y su duración más corta de lo que generalmente imaginamos: «El amor no dura. Es mucho más efímero de lo que nos gustaría reconocer a la mayoría. Pero es indefinidamente renovable».

El documental *Happy*, de Roko Belic, muestra a los habitantes de una isla del sur de Japón, Okinawa, donde hay una tasa excepcional de centenarios. En esa isla, el vínculo social es muy fuerte y las personas se sienten muy cercanas las unas a las otras, desde el nacimiento a la muerte. Mientras que entre nosotros, el 40% de las personas ancianas viven solas, allí, pasan la mayoría de los días juntas. Al ver el documental, se diría que se lo pasan muy bien: ríen, bailan y comparten muchas actividades. A la hora de la salida del colegio, todos los ancianos van

> Quienes tendían más al consumo buscaban sobre todo placeres hedonistas y hallaban menos bienestar verdadero.

juntos a esperar a los niños del pueblo, que no tienen por qué pertenecer obligatoriamente a su familia. Se sitúan en la calle con algunos caramelos para los pequeños, que corren en su dirección, precipitándose en sus brazos.

Este apoyo social se ha considerado como la píldora mágica de su longevidad. Son numerosos los estudios que demuestran que un apoyo social elevado está asociado a una mejor salud mental, menos enfermedades cardíacas, un aumento de la longevidad, menos uso de sustancias adictivas, un refuerzo del sistema inmunitario y una reducción de los casos de demencia senil.

Simplicidad interior y felicidad

Buscar la felicidad en el consumo de bienes materiales, poniendo en peligro las condiciones medioambientales que permiten prosperar a la humanidad proviene de un malentendido: la gente considera que concentrándose en los valores extrínsecos (posesiones, imagen, consumo) contará con más opciones de ser feliz. La experiencia vivida y las investigaciones psicológicas demuestran, por el contrario, que son los valores intrínsecos, como la amistad, los vínculos sociales, el contento, la «sobriedad feliz» de la que habla Pierre Rabhi, los que aportan más satisfacción.

El psicólogo Tim Kasser ha llevado a cabo numerosas experiencias muy interesantes sobre el elevado coste del materialismo. Junto con su equipo, ha estudiado a miles de personas y evaluado, gracias a cuestionarios bien concebidos, su atracción por el consumo, así como su tipo de valores (sobre todo intrínsecos, como la amistad, la calidad del momento, o extrínsecas, como la imagen y el dinero). Ha comparado el primer y último cuartil (los 25% más inclinados al consumo y los 25% menos inclinados al consumo) y, cruzando los resultados con otros factores asociados, ha podido demostrar, por ejemplo, que quienes tendían más al consumo buscaban sobre todo placeres hedonistas y hallaban menos bienestar verdadero.

El mantra secreto

Esto me hace pensar en el mantra que ha recomendado un maestro budista tibetano. Es el mantra más secreto que pudiera imaginarse, y me pregunto si tengo permiso para compartirlo. Es el siguiente: «No necesito nada». Repítelo diez veces seguidas. ¡Verás qué bien te sientes!

La serenidad interior se encuentra en la simplicidad.

Por «placer hedonista» se entiende la búsqueda incesante de sensaciones placenteras, una receta más segura para el agotamiento que para el bienestar. Tim Kasser también ha evidenciado que esas personas tenían muchos menos amigos y que no estaban interesadas en problemas globales como el medio ambiente, sino únicamente en lo que les concernía. En general, son personas con menos salud, más sensibles al abuso de sustancias (tabaco, alcohol, drogas). También parecen sentir más ansiedad con respecto a la muerte. Sienten menos empatía y les preocupa menos la suerte de sus semejantes. En una palabra, esas personas son significativamente menos felices.[7] Tim Kasser no intenta dar lecciones de moral, es un investigador de psicología. Pero lo que evidencia es que esa idea del consumo galopante no aporta ni la felicidad ni la salud, y no nos hace más altruistas.

La crisis actual me parece ser un momento muy valioso para poner en causa nuestro tren de vida. Hasta ahora no nos habíamos preguntado sobre lo innecesario que nos rodea, animados por la publicidad y la comparación social (¿mi vecino tiene un coche mejor que yo?). Pero si nos preguntamos con sinceridad puede que identifiquemos cosas que, en el fondo, no contribuyen a nuestro bienestar y de las que podríamos prescindir. La simplicidad voluntaria, o sobriedad feliz, no es privarse de lo que es necesario para vivir y de lo que nos aporta una felicidad verdadera –eso sería absurdo–, sino deshacerse de lo superfluo, y así renunciar a las causas del sufrimiento.

El pájaro no «renuncia» a su jaula, se libera. Si paseamos por la montaña con una bolsa y por el camino nos damos cuenta de que contiene un 50% de provisiones y otro 50% de piedras, será un alivio deshacerse de las piedras. La verdadera simplicidad no consiste en dejar que la mente se fascine por el señuelo que nos hace pensar: «Teniendo más seré más feliz». Muy a menudo es en la simplicidad donde se encuentra la serenidad interior.

El ermitaño y el altruismo

Desde la terraza de mi ermita, abrazo el círculo casi perfecto del horizonte. Dominando el escalonamiento de los contrafuertes, la majestuosa cordillera del Himalaya se despliega sobre más de 200 kilómetros. La tranquilidad es perfecta. Se comprende que una situación así favorezca el desarrollo de la meditación y de la observación de los pensamientos que surgen de ninguna parte y que se disuelven como el sonido de una campana que se difumina. La consciencia plena del momento presente reina sobre el fluir del tiempo. La ermita es un remanso de paz donde el discípulo puede iniciarse con total serenidad en la práctica de la espiritualidad. El ermitaño no se desinteresa de ninguna manera por la suerte de la humanidad, sino que se da cuenta de que, en su situación, no es solamente incapaz de beneficiar a los demás, sino que también es impotente a la hora de crear su propia felicidad. Su motivación esencial es transformarse a sí mismo para transformar el mundo, y que este sea mejor. El ermitaño empieza así a comprender que la auténtica felicidad no depende fundamentalmente de condiciones externas, sino de la transformación de la mente y de su manera de traducir las circunstancias de la existencia en felicidad o desdicha. Comprende que, mientras no se deshaga del odio, la obsesión, el orgullo, los celos y otras toxinas mentales, será igual de inútil aspirar a la felicidad que desear dejar de quemarse sin retirar la mano del fuego. Contrariamente a las apariencias, la motivación del ermitaño budista está basada en el amor altruista y la compasión. Su objetivo está claro: acercarse a la Iluminación a fin de poder remediar los sufrimientos del mundo. El ermitaño se retira un tiempo del mundo hasta que sane de las causas fundamentales del sufrimiento.

Cambiar nuestra sociedad

Una sociedad se compone de individuos y se construye alrededor de una cultura. Algunas personas consideran que las instituciones lo determinan todo. Pero en realidad son los cambios en los individuos los que cambian su cultura e instituciones. A su vez, las culturas modifican a los individuos. Individuos y culturas se modelan mutuamente a lo largo del tiempo.

En este sentido, la cultura humana es transmisible y acumulativa de una generación a otra. Por ello, cuando las instituciones cambian, transforman las mentalidades. Lo que la ciencia contemporánea demuestra es que cuando se cambian las mentalidades, la manera en que se nos educa, en que pensamos cotidianamente, también cambiamos nuestro cerebro mediante la neuroplasticidad, e incluso podemos modificar la expresión de nuestros genes. A lo largo de nuestra existencia, la manera en que consideramos la vida de los demás, en que actuamos, en que meditamos, todo ello modifica la expresión de los genes (lo que se denomina modificaciones epigenéticas). Esta posibilidad de transformarse a uno mismo es familiar para los contemplativos desde hace milenios.

Por ello, si cambia la mentalidad de un número suficiente de personas, estas influirán y cambiarán las culturas e instituciones. Tomemos, por ejemplo, la actitud frente a la guerra, que ha cambiado enorme-

Cuando se cambian las mentalidades, la manera en que se nos educa, en que pensamos cotidianamente, también cambiamos nuestro cerebro mediante la neuroplasticidad, e incluso podemos modificar la expresión de nuestros genes.

mente desde la I Guerra Mundial. Por entonces, ir a la guerra era algo noble y patriótico. Con el tiempo, el mundo se ha ido dando cuenta de que la guerra es un horror, una aberración, que lo único que provoca es devastación, donde todos son perdedores; ciertamente ya no es algo que se glorifique como un fermento de civilización.

Pero ¿qué podemos hacer para que se cree una masa crítica suficiente de individuos y que las culturas cambien, por ejemplo, respecto al consumo de carne? Como decía George Bernard Shaw: «Los animales son mis amigos, y yo no me como a los amigos». Gandhi afirmó que se podía juzgar el grado de civilización de un país por la manera en que trataba a sus animales. Me parece evidente que si no se tiene consideración por el sufrimiento de los animales es muy probable que no se tenga consideración por el sufrimiento de nadie. Eso significa que en nosotros se está matando una parte de empatía, de la capacidad de ponernos en el lugar del otro.

Incluso en Naciones Unidas, que no puede considerarse como un grupo de presión militante por la protección de los animales, han emitido el aviso (por medio del Grupo de Expertos Intergubernamental sobre la Evolución del Clima, o GIEC) de que una de las maneras más importantes de reducir el calentamiento global sería reducir considerablemente el consumo de carne, ya que hoy 150 millardos de animales terrestres son asesinados cada año en el mundo para nuestro consumo. Son unos animales para los que se decide cuándo, dónde y cómo morirán. Si deseamos el advenimiento de una sociedad más altruista, no es posible ignorar esta cuestión.

A semejanza de Gandhi, Nelson Mandela y el Dalái Lama, los líderes de opinión y las grandes fuerzas morales de la humanidad son importantes factores de cambio en la sociedad. Las culturas cambian con más rapidez que nuestros genes.

A largo plazo, esos grupos de altruistas vinculados por intereses comunes y que cooperan tienen una ventaja sobre los grupos de egoístas, siempre compitiendo entre sí. Así pues, existe la esperanza de que con el paso del tiempo esta tendencia a la cooperación y el altruismo sea preeminente. Es un poco el caso en el mundo actual, donde las personas están mucho más vinculadas y el mundo es mucho más interdependiente.

Me inspiran

KYAPJE KANGYUR RIMPOCHÉ (1898-1975)

Nacido en la provincia del Kham en 1898, en el Tíbet Oriental, Kangyur Rimpoché manifestó, desde su más tierna infancia, asombrosas cualidades espirituales. De muy joven ingresó en el monasterio de Riwoche, donde estudió junto al gran maestro Jedrung Rimpoché.

A continuación realizó un retiro meditativo en solitario durante nueve años en los confines del Kham. En 1955 presintió la invasión del Tíbet por parte de China y decidió huir a la India con su esposa y sus hijos pequeños, llevándose a lomo de mula, y como única riqueza, centenares de libros. En 1960 se instaló cerca de Darjeeling, en la India, donde viviría hasta su muerte sin dejar nunca de enseñar.

Este sabio visionario, completamente desapegado de todas las preocupaciones mundanas, tuvo una profunda realización espiritual y una inmensa erudición. Sus discípulos occidentales fueron numerosos, siendo uno de los primeros e importantes maestros tibetanos que establecieron los fundamentos del budismo tibetano en Occidente. Es mi «maestro raíz» e inspira cada instante de mi existencia.

JANE GOODALL (NACIDA EN 1934)

Jane Goodall es una primatóloga y etóloga británica. Apasionada por los animales, vegetariana desde la infancia, se fue a vivir de muy joven cerca del lago Tanganica para estudiar a los chimpancés. Ha sacudido nuestras ideas acerca de estos animales demostrando que esos grandes simios eran capaces de fabricar y utilizar herramientas, una característica que se consideraba propia del ser humano.

Por ello en la actualidad sabemos que existe una continuidad entre las distintas especies animales y los seres humanos.

La conocí en 2011 y dialogamos sobre ese tema: este continuo debería empujarnos a reevaluar la manera en que tratamos a los animales, a combatir a la industria cárnica y la experimentación con animales.

Es, a la vez, una gran científica y una mujer comprometida que, a través de su fundación Roots and Shoots, lucha infatigablemente por la protección del planeta, la mejora de la condición humana y el respeto a los animales.

MIS TRES CONSEJOS PRÁCTICOS PARA PARTICIPAR EN UN MUNDO MÁS HUMANO

1. Practicar el altruismo

- Cambiar nuestra visión de quienes nos rodean.
  Podemos entrenarnos en comprender y ver que la vida está mucho más entretejida de cooperación que de competición, de ayuda mutua que de hostilidad, de solicitud que de malevolencia.
- Comprobar nuestra motivación.
  También es muy útil comprobar constantemente nuestra motivación. «¿Es nuestra motivación altruista o egoísta? ¿Buscamos el bien de unos pocos o de muchos, a corto o a largo plazo?» Debemos preguntárnoslo muy a menudo.
- Comprometernos.
  Cultivar el altruismo no es limitarse a afirmar lo bien que está el altruismo. La compasión sin acción es estéril. Hay que tener presente constantemente ese compromiso en mente y

traducirlo en actos siempre que sea posible, en todas las circunstancias de la vida corriente, pero también, por ejemplo, implicándose en actividades beneficiosas para los demás (voluntariado, ONG, etc.).

2. Comer menos carne

Comer menos carne es un típico ejemplo de algo que es bueno tanto en el plano ético, como sanitario y ecológico. En pocas palabras, tiene en primer lugar un impacto positivo en los animales, pero también en los seres humanos y su entorno.

No se trata únicamente de un alegato del vegetariano que soy desde hace más de 40 años, sino que insisto porque es más fácil que dejar de ir en coche o de subirse a un avión. Dejar de consumir carne cuesta menos de tres segundos. ¡No es nada complicado!

3. La simplicidad

Simplificar los propios actos, es decir no consagrar demasiado tiempo a lo superfluo, a las distracciones.

Simplificar asimismo las palabras: nuestra boca dispensa un flujo ininterrumpido de palabras a menudo inútiles. Piensa en el tiempo que se pierde divulgando rumores y en palabrería vana.

Simplificar los pensamientos. La simplicidad no tiene nada que ver con «ser simple de espíritu», es permanecer en la simplicidad de la frescura del momento presente, libre de expectativas y temores.

5

HACER GERMINAR EL CAMBIO, JUNTOS

PIERRE RABHI

LABRADOR Y FILÓSOFO DE ORIGEN ARGELINO, SE LE CONSIDERA EL PADRE DE LA AGROECOLOGÍA. HA FUNDADO EL MOVIMIENTO COLIBRIS.

Como hemos visto en los capítulos anteriores, vivimos una situación de urgencia. Christophe André ha ilustrado hasta qué punto nuestra sociedad está alienada y es alienante. El siglo XX ha estado dominado por la alianza de la ciencia y la técnica al servicio del progreso. Es verdad que se han conseguido logros considerables en diversos campos, pero ¿cuál es el destino de los seres humanos y del planeta que los alberga? ¿Cómo es posible consagrar el propio genio a inventar herramientas, armas que matan cada vez mejor y que fomentan las divisiones y los antagonismos que mantienen a este planeta en el horror absoluto?

En esta epopeya materialista, la violencia del ser humano para con el ser humano ha alcanzado niveles desastrosos, y la naturaleza ha padecido deterioros sin precedentes. El impacto del ser humano en nuestra biosfera está lejos de ser positivo. La gente se ha divertido representando la presencia del ser humano a la escala de la existencia de la Tierra. De 24 horas, no estamos presentes más que dos o tres minutos; y no obstante, nos las hemos apañado como nadie para destrozar, descentrar, descomponer el orden del mundo y poner el planeta patas arriba.

Por fortuna, las consciencias se rebelan, cada vez más. Jon Kabat-Zinn nos ha mostrado de qué manera el cambio interior, en especial el hecho de cultivar mindfulness, podría convertirse en una herramienta de apertura del corazón y de liberación de la mente. Matthieu Ricard nos ha hablado de la importancia del altruismo para construir un mundo distinto. Es algo que efectivamente me parece indispensable. Ya conoces la expresión: «El hombre es un lobo para el hombre». ¡Pues si yo fuese un lobo, no me gustaría que me comparasen con el ser humano! Nunca, ninguna especie, ha organizado el vivir juntos sobre la base de la destrucción, como hemos hecho nosotros. Y, no obstante, es posible funcionar de otra manera.

Mi propósito confirma y completa el de los otros autores. Mi preocupación es que los seres humanos trabajen en su propio cambio a través de la agroecología, que llevo desarrollando desde hace decenios. Lucho contra la ilusión de que solo se cambiará el mundo a través de las alternativas. Suelo decir: podéis comer alimentos biológicos, calentaros con energía solar y explotar a vuestro vecino. No es incompatible. Mi enfoque está animado por el amor a la vida y la voluntad de proteger la belleza sagrada de la naturaleza. Esta expresión fundamental de la vida, esta belleza que se nos ofrece, me conmueve de manera extraordinaria.

¿Qué futuro aguarda a la humanidad?

La capacidad de incordio del ser humano siempre ha sido grande, pero antes existía una limitación para esta energía: los seres humanos tenían que enfrentarse a la propia resistencia de la naturaleza. En la actualidad, esta cuestión se manifiesta de una manera extremadamente importante: hemos mantenido las mismas pulsiones de codicia, esa necesidad de siempre más, y disponemos de instrumentos aterradores que la tecnología nos ha proporcionado para satisfacerlos. Cuando se observa cómo se están destruyendo los bosques, saqueando los mares (los peces no disponen de ninguna posibilidad de escapar), vemos que no es así por casualidad. Sí, claro, la tecnología ha aportado cierto número de importantes progresos, pero en lugar de hacer que el ser humano se moderase, le ha instalado en una posición demiúrgica.

La pregunta más importante que me hago es la siguiente: ¿cuál es la continuación del programa de existencia de la humanidad? Nos hallamos en una fase infernal, la de la combustión energética a ultranza. Podríamos decir que es la primera vez que la humanidad depende y está atrapada por las innovaciones que supuestamente debían liberarla: sin petróleo, sin electricidad, sin medios de comunicación, todo el andamiaje se viene abajo... Hoy en día, más que nunca, es necesario no equivocarse de respuesta.

Hace algún tiempo vi en la televisión a un hombre que se había enriquecido (y al que se presentaba como un triunfador), y le preguntaban si no se sentía como un predador. Para responder echó mano de Darwin, y de las famosas leyes naturales del más fuerte, para demostrar que aplicaba las reglas de la vida. ¡Estuve a punto de romper la televisión! Si le hubiera tenido delante, le habría dicho: «No, señor mío, porque cuando un león se come un antílope, lo digiere. No tiene un almacén de antílopes, ni bancos de antílopes para vendérselos a sus compañeros. El león no retiene lo que es indispensable para su supervivencia; no se ve afectado por esta terrible codicia tan perjudicial para el conjunto humano. El león practica la sobriedad feliz».

Mucho antes de nuestro propio advenimiento, la naturaleza creó los medios para su regulación y su perpetuación.

En el planeta reina la ley de la vida que se da a la vida: nada se pierde, nada se crea, todo se transforma, se dice. Mucho antes de nuestro propio advenimiento, la naturaleza creó los medios para su regulación y su perpetuación, aunque sepamos que tendrá un final. El peligro es que nosotros, los seres humanos estamos en la actualidad rompiendo completamente esa regla. De ahí la aceleración del proceso de nuestra propia erradicación. Porque a juzgar por las evidencias, cuando observamos nuestra gestión de esta maravillosa biosfera, con el envenenamiento de las aguas y del terreno, la deforestación y todas las barbaridades que hacemos, está claro que estamos presenciando con una especie de sopor estos problemas, determinantes para nuestra historia futura. Estamos verdaderamente rompiendo el proceso de nuestra propia historia. Nos hallamos al borde de un precipicio, ¡y la inteligencia nos sugiere no dar ningún paso más en esa dirección!

Estas constataciones hacen que sea más necesaria y urgente que nunca una alternativa global, un paradig-

«Si perdemos el contacto con la naturaleza, de la que formamos parte, entonces perdemos la relación con la humanidad, con los otros.» KRISHNAMURTI

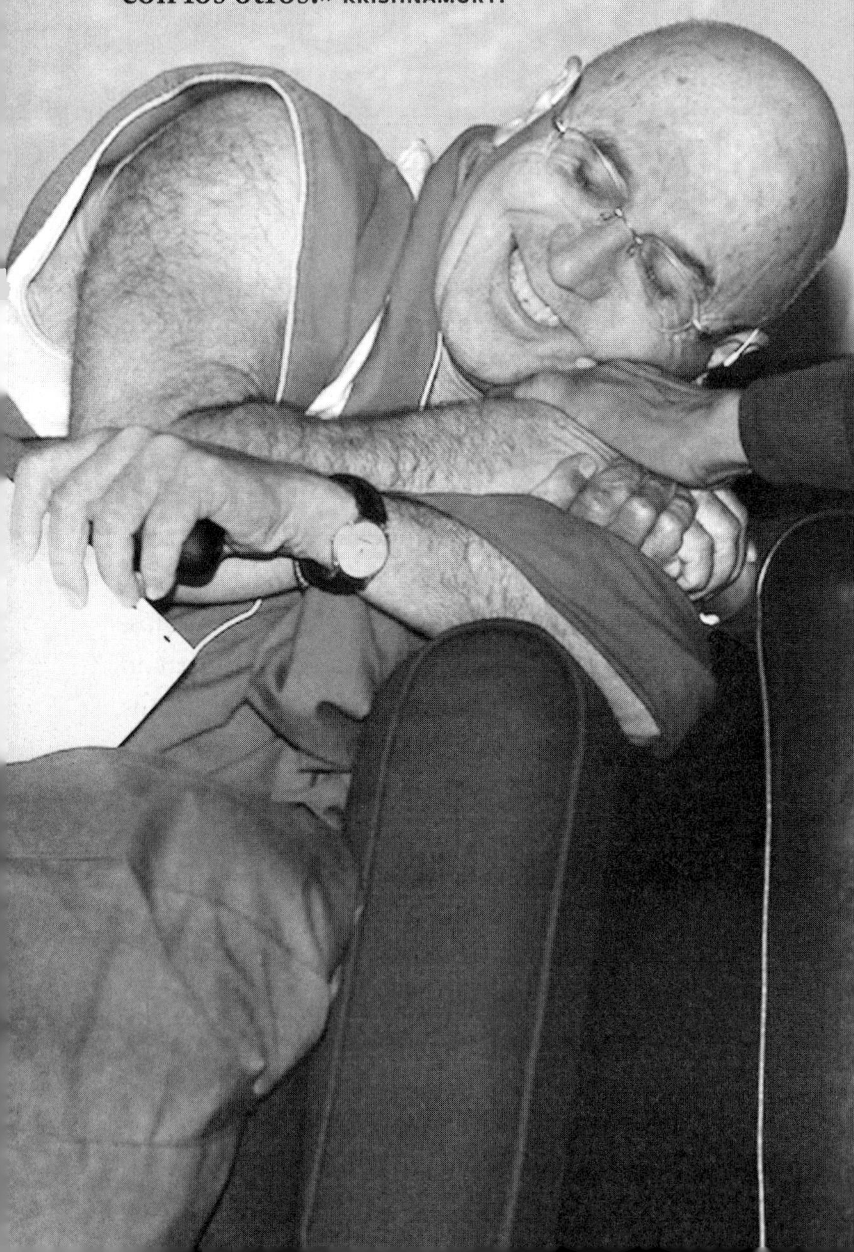

ma inspirado en las evidencias. La utopía es algo que nos descondiciona y a veces nos empuja a transgredir para sobrevivir. O bien nos instalamos en el conformismo (no se puede cambiar nada), o se transgrede para ir hacia el cambio.

El trayecto del ser humano en la modernidad

Me he divertido trazando el itinerario de un ser humano en la modernidad: del parvulario a la universidad estamos encerrados en arcas. Luego trabajamos en cajas, ¡en _boîtes_* grandes y pequeñas! Incluso para divertirnos, ¡vamos a la _boîte_**)! Y para desplazarnos, vamos en la _caisse_!*** Después está la _boîte a vieux_****, antes de la última _boîte_*****, ¡que todos conocemos!
¿Es eso la existencia?
La semántica no es ajena, pues tiene el poder de manipular el ser humano para obtener su consentimiento y fabricar normas.

Todas las palabras señaladas significan «caja» en español, pero no en argot francés: *argot para «curro»; **_boîte (de nuit)_, «discoteca»; ***«coche, carro»; ****«residencia de ancianos»; *****«ataúd». _(N. del T.)_

Cuidando la Tierra, se cuida al ser humano. Todo está relacionado.

El contento como alternativa

Frente a esta situación, las buenas intenciones, los ensalmos, los análisis y las constataciones acumuladas no bastarán. La primera utopía debemos encarnarla nosotros mismos. Las herramientas y realizaciones materiales nunca serán factores de cambio si no son obra de consciencias liberadas de la limitada esfera del poder, del miedo y la violencia. Mientras no resolvamos la angustia y el miedo, no progresaremos. La crisis de esta época no se debe a las insuficiencias materiales. La lógica que nos mueve, nos dirige y nos soporta es muy hábil a la hora de despistar y culpar a la falta de medios. La crisis debe ser resuelta en nosotros mismos, en esa especie de núcleo íntimo que determina nuestra visión del mundo, nuestra relación con los demás y con la naturaleza, las decisiones que tomamos y los valores que utilizamos.

Lo que veo por todas partes es que las personas reflexionan a partir de la problemática de Occidente, olvidándose del resto del mundo, mientras que de lo que se trata es de razonar en términos de planeta, de humanidad. Nuestro comportamiento occidental afec-

Resumiendo la situación, una quinta parte de la humanidad consume cuatro quintas partes de los recursos.

ta enormemente a los seres humanos del resto del planeta. Nuestros excesos se llevan a cabo en detrimento de los demás, se «genocida» continuamente a otros seres humanos e incluso a las generaciones futuras. Oigo decir que el hambre en el mundo está causada por la superpoblación. Esos análisis me afectan como una ofensa a todos aquellos que no pueden comer. Mil millones de seres humanos mueren de hambre, tres mil millones sobreviven a duras penas: no se les puede reprochar el agotar el planeta. Resumiendo la situación, una quinta parte de la humanidad consume cuatro quintas partes de los recursos. Y, no obstante, otro modelo es posible.

En 1981 fui a Burkina Faso invitado por su gobierno. En la región del Sahel, entre las más pobres del planeta, los campesinos se enfrentan a los dictados del comercio internacional. Les han vendido abono y les han forzado a plantar cosechas de exportación (algodón, cacahuetes). En este sistema globalizado, el pequeño campesino africano se encuentra haciendo la competencia a los grandes productores a nivel mundial, lo que hace que de entrada ya haya perdido la apuesta. A eso debemos añadir una sequía terrible de la que todavía se recuerdan las imágenes: la tierra cuarteada, sin hierba para los animales y todas las personas de la aldea sin nada que comer. Esa catástrofe destruyó lo que se denomina la «cubierta vegetal», que servía de piel a la tierra. Ello provoca que, cuando llegan las lluvias, el agua no penetra en el suelo, sino que corre por encima, arrastrando la tierra. El campesino lo pierde todo, la cosecha e incluso la tierra sobre la que cultiva. ¿Qué hacer? Emigra hacia las ciudades, el proceso se acelera, los campesinos apremian a sus hijos para que emigren a las ciudades, lo que resulta en una mutación negativa considerable.

La pregunta era: «¿Cómo alimentarse, cómo producir lo suficiente?». Reflexionando en ello me di cuenta de que lo que yo había hecho en Ardèche podía trasladarse a Burkina Faso. La experiencia tomó una enorme amplitud, hasta el punto de que el presidente Sankara me pidió que generalizase la técnica de la agroecología a todo el país. De vuelta a Francia, estaba a punto de ponerme a trabajar en esta reforma gradual cuando me enteré de su asesinato. Esta extraordinaria ocasión, con un Estado adoptando métodos regeneradores susceptibles de extenderse a través del ejemplo, ha quedado en nada.

La ecología sirve para defender la naturaleza y también la belleza de la naturaleza.

En Occidente, incluso nuestras basuras desbordan y regurgitan. A pesar de estar sumergidos en la superabundancia, seguimos insatisfechos. La paradoja es que en los países del Sur, las personas que tendrían mil razones para quejarse se vuelcan en los tambores, cantan y celebran la vida. En nuestros países «desarrollados», nos convertimos en superconsumidores de medicamentos. Por un lado, está la miseria de ser y, por otro, la de tener. La esperanza radica en que cada uno puede detener la maquinaria infernal que reposa en la insaciabilidad y la avidez. Cada uno puede evitar seguir alimentando a las multinacionales, que, está claro, ejercen un poder negativo sobre la condición humana.

Cambiar el mundo pasa, a nivel individual, por el aprendizaje del contento, de la moderación, de lo que he bautizado como la «sobriedad feliz». La gran blasfemia de la actualidad es cuestionar el crecimiento invocado como *la* solución, cuando es *el* verdadero problema.

En la Edad Media me habrían quemado vivo. No obstante, no es posible seguir situando en el centro de nuestras preocupaciones el beneficio sin límites en detrimento del ser humano y la naturaleza. Es lo que se ha denominado el «progreso», que en realidad es la instauración de un sistema que ha relegado la naturaleza. Se ha considerado al campesino como el retrasado de la historia, atrapado en sus supersticiones y su arcaísmo, como alguien que no ha evolucionado. Al obrero también se le relega a la parte baja de la escala. Y aunque al ser humano le ha costado siglos aprender a utilizar sus manos, al final ha sido el intelectual al que se ha erigido en modelo, alguien que solo utiliza su cerebro y que ha olvidado las habilidades ancestrales. Debemos reaprender a utilizar las manos, tanto como debemos aprender a habitar de nuevo este cuerpo del que nos olvidamos tan a menudo, como recuerda Jon Kabat-Zinn en el capítulo 3.

La necesidad del cambio humano se plantea por todas partes y pasa por la sobriedad. Cuando se establece la proporción entre lo indispensable no resuelto (como el hambre en el mundo) y lo superfluo sin límite, se da uno cuenta de la insensatez del modelo dominante en el planeta.

Toda nuestra sociedad de consumo está construida sobre la frustración programada, incompatible con la satisfacción a la que por otra parte todos aspiramos. Nos sentimos mal y para intentar mejorar consumimos. El consumismo es una compensación, es una tentativa de llenar el vacío. Esta ilusión solo se aguanta

Se invoca el crecimiento como *la* solución, cuando es *el* verdadero problema.

por la repetitividad, pero no es, de ninguna manera, una curación definitiva.

La publicidad es, en este caso, el mejor medio subliminal de mantener la sensación permanente de carencia. Son muchos los seres que mueren a diario de hambre, y no obstante nadie me reprochará tener diez yates. El desenfreno del enriquecimiento y el consumo desemboca en una evolución del sistema humano que, a través de sus fantasmas, se convierte en un engranaje del despilfarro. Esta sobriedad pasa igualmente por otra relación con el tiempo que, ajustado de acuerdo con el dinero, no es más que frenesí y motivo de angustia.

Hacia una nueva relación con el tiempo

Durante milenios, la humanidad ha vivido manteniendo una relación vital con la naturaleza y lo que está presente en nosotros (los latidos del corazón, la circulación sanguínea, la respiración). Pero la modernidad ha quebrado esta relación con el tiempo. Se ha instaurado la prisa y esta, claro está, también ha modificado el espacio. Como se ha roto con el tiempo cíclico, el tiempo realmente inscrito en nosotros, nos hallamos inmersos en una superactividad que ha resultado en frenesí. Esta tendencia nos hace salir del orden general del tiempo e inventar herramientas eficaces para asumirlo. Esta noción obsesiva de ganar tiempo, de no perder nunca, provoca incluso locuras: no hay más que observar a los deportistas, dispuestos a hacer estallar sus pulmones con tal de ganar una décima de segundo. Estar dispuesto a perjudicar así el propio cuerpo a cuenta de los resultados me provoca dudas. Se olvida muy a menudo que no es el tiempo el que pasa, sino nosotros. Pasamos por alto tan a menudo nuestras vidas que nos hace falta aprender a vivir todos los instantes.

Trabajar mi tierra me mantiene en relación con las estaciones y las cadencias naturales de las que nos ha alejado la modernidad. Es la razón por la que digo a mis amigos que el tiempo que paso en el huerto no es negociable. El mundo moderno se basa en el adagio «el tiempo es oro». Este frenesí por el tiempo, que nunca hay que perder, acaba por neurotizar a los seres humanos, prisioneros de los relojes.

Se olvida muy a menudo
que no es el tiempo el que pasa,
sino nosotros.

El pescador y el hombre de negocios

Un hombre de negocios estadounidense se paseaba por una playa y, no muy lejos de allí, un pescador descansaba mientras las redes se secaban. El hombre de negocios se acercó y se dirigió al pescador:

–Señor, si en lugar de descansar estuviera trabajado, podría tener una embarcación más grande.

–Sí, claro, ¿y qué? –contestó el pescador.

–Pues que gracias a esa embarcación más grande podría contratar a otra gente, crear empleo y luego adquirir otros barcos de pesca.

–Sí, ¿y luego?

–Todo eso le permitiría descansar –concluyó el norteamericano.

–Pero eso ya es lo que estoy haciendo ahora...

Algunos empresarios dicen: mi empresa va bien, pero yo no. Esta constatación contribuye a redefinir lo que es el éxito de una existencia cuando no tiene por objeto el desarrollo de la persona en todas sus dimensiones. El descubrimiento de que estamos viviendo hoy otorga incluso más legitimidad a ese cuestionamiento.

En el campo hay momentos activos, como en primavera: toda la creación se despierta, todo el mundo lleva la misma cadencia. Pero estas cadencias son variables en función de las necesidades reales, y también están los periodos en los que uno se deja vivir. En la ciudad ya no se puede.

Por esas razones Michèle y yo hemos dejado París. Nuestra retirada del mundo tal y como ha sido organizado no ha sido fácil, y hemos tenido momentos muy difíciles. Pero al final el precio que ha habido que pagar me ha parecido justo, pues lo que se adquiere a través de la dificultad cobra valor y se torna valioso. En cierta manera, eso restituye al individuo su necesidad de aventura y sus riesgos y peligros, sin perjuicio para los demás. La aventura se torna así expresión de libertad: asumo riesgos, el camino probablemente estará lleno de dificultades, pero, al superarlas, aprendo y el camino se torna iniciático. También es mi contribución, mi «parte del colibrí»,* a un cambio más global en el mundo.

De lo individual a lo colectivo

Tal y como hemos dicho, cambiar el mundo exige el cambio de uno mismo, pues yo soy el mundo y el mun-

* Referencia a la obra *La part du colibri* (Éditions de l'Aube, 2006) del propio Pierre Rabhi. *(N. del T.).*

do soy yo. Ahora bien, el mundo en que vivimos tiende a eliminar nuestra responsabilidad. Por ejemplo, en política, el sufragio universal nos permite otorgar poder a tal o cual persona, ¡y nos agobiamos si no nos conviene! Eso engendra en muchos de nosotros una sensación de impotencia, pues nos sentimos inmersos en una lógica que no controlamos. Cuando pensamos en ello, vemos que la historia está llena de gente que ha creído hacer el bien rechazando el orden establecido para sustituirlo por otro orden, a su vez demuestra ser la causa de un nuevo desorden, y así... Esta alternancia infernal pone en evidencia la necesidad de un consenso planetario para ponerle fin. Todavía hay que ponerse de acuerdo en los valores en que se basaría.

La ilusión de estar separados crea el individualismo y los antagonismos. El individualismo nos encierra y nos circunscribe en una realidad tan estrecha que acabamos por sentirnos prisioneros, encarcelados en nosotros mismos. Pero no somos individuos estancos: respiramos el mismo aire, bebemos la misma agua, nuestras relaciones son flujos de energía que compartimos. En esta cuestión, deploro que se perpetúe la ceguera antagonista entre nosotros y el mundo. La educación competitiva, por ejemplo, es un verdadero desastre. En lugar de preparar a los niños para la solidaridad, la compasión, la ayuda mutua y la cooperación, los condiciona para la competición

Deploro que se perpetúe la ceguera antagonista entre nosotros y el mundo.

y la rivalidad. La ideología dominante ha creado sus preceptos, dogmas y credos a instancias de un sistema intangible. La educación se reduce a un adoctrinamiento para «producir» un adulto adaptado a esta ideología dominante. Podríamos enumerar muchas de las incapacidades, de las disonancias producidas por la educación. En este sentido, los experimentos científicos a los que se refería Matthieu en el capítulo anterior representan una esperanza real. La cuestión también radica en términos de femenino y masculino. Es una pena constatar la subordinación casi universal de lo femenino a un principio masculino muy a menudo brutal, mientras que en realidad son energías complementarias, pues la vida se basa en la complementariedad de uno y otra, como demuestra magistralmente la procreación.

Sin duda alguna, y en la medida en que la humanidad escape a la extinción de la que será responsable, nos preparamos para ser unos ancestros muy malos. Dejaremos a las generaciones futuras las numerosas trasgresiones cometidas con respecto a la vida.

El problema es tan vasto que si esperamos simplemente que la orientación de nuestra historia siga en manos de aquellos en quienes hemos depositado nuestro destino no es de extrañar que nos sintamos totalmente desanimados. Al escuchar los discursos políticos suelo tener la impresión de asistir al ensañamiento terapéutico con un modelo que está, como todo lo evidencia, moribundo. Nos obstinamos en mantener la ordenación política sin tener en cuenta los mismos fundamentos de la vida. Pero la gobernanza en la que estamos metidos demuestra cada vez más su impotencia y finitud. Es hora de que las consciencias se despierten y de que florezcan las utopías, que cada vez abundan más en la sociedad civil.

El despertar de las consciencias

La verdadera revolución sigue siendo la que nos invita a transformarnos a nosotros mismos para transformar el mundo. El cambio global solo llegará a través del cambio humano. Si el ser humano no cambia, nada podrá hacerlo.

De ahí la importancia de aceptar las propias responsabilidades a nivel individual para cambiar las reglas del juego. Por eso es tan importante el despertar de las consciencias: calibrar nuestra inconsciencia es el primer paso, una especie de resplandor creador. Encubrimos en nosotros mismos, sin saberlo, la energía del cambio.

El cambio global solo llegará a través del cambio humano. Si el ser humano no cambia, nada podrá hacerlo.

No me gusta la expresión «toma de consciencia», me recuerda la electricidad, como si la consciencia flotase en el aire y bastase con enchufarse. Prefiero hablar de elevación de las consciencias. Cuando alguien sube dificultosamente una montaña, le está costando un esfuerzo, se le cansan las piernas, pero el paisaje se abre ante ella, cada vez tiene una perspectiva más amplia. Nuestro comportamiento y la manera en que hemos organizado la vida juntos se inspiran en la estrechez de los espacios ideológicos confesionales, étnicos. etc., ¡origen de tanta violencia!

Nuestra civilización describe la realidad como fragmentada, mientras que es una. A todos nos anima la misma energía y, a fin de cuentas, todos somos de la misma especie. Al elevar la consciencia es posible ver la relación entre los elementos constitutivos de una realidad más amplia que no comporta división alguna. Ver más allá requiere un esfuerzo, pues se trata de una verdadera iniciativa. Hoy considero que esta ampliación está en marcha porque cada vez somos más quienes queremos dar un sentido a la vida y a nuestras propias existencias.

A veces me pregunto cómo sería el comportamiento de los individuos en caso de una crisis social grave: ¿sálvese quien pueda o compartir y convergencia? Esta segunda opción es la que probamos, claro está, y desarrollamos con el concepto de los «oasis en todas partes».

No obstante, será necesario aprender a liberarnos de nuestra historia individual para alcanzar una sociabilidad de las consciencias descondicionadas. Pues siempre son los condicionamientos ideológicos, religiosos y tribales los principales responsables de la violencia en el planeta.

Al mismo tiempo que el contexto general de la sociedad global no hace más que empeorar, la abundancia de innovaciones de la sociedad civil es muy prometedora. Este laboratorio de creatividad espontánea me parece muy prometedor. Se basa en una reacción vital de los individuos y los grupos. En uno de mis últimos libros, hablaba del genio creador de la sociedad civil.

Creo que la sociedad civil es un vasto campo de experimentaciones de interés general, sin embargo la política se obstina en mantener a todo precio el modelo antiguo.

Lo sigo manteniendo. Creo que la sociedad civil es un vasto campo de experimentaciones de interés general, sin embargo la política se obstina en mantener a todo precio el modelo antiguo.

Ahora bien, el modelo debe, imperativamente, ser cuestionado. La actual crisis tiene el mérito de liberarnos de las grandes ilusiones. Estamos en una difícil fase de transición, con un pánico que se manifiesta en las calles, en el imaginario secreto de los individuos, al mismo tiempo que se prepara el cambio. La fuerza de la vida actuará, necesariamente, pues no tenemos ningunas ganas de desaparecer. Esta alquimia invisible trabaja mediante el efecto de un realismo duro, pero constructivo. Y en esta etapa crucial es importante que las personas sientan que no están solas.

El humus, raíz de la humanidad

La tierra es ese elemento fundamental al que todos debemos la vida. Nuestra existencia reposa a fin de cuentas sobre una película de un grosor de únicamente 20-30 centímetros: el humus o mantillo. Pero estamos destruyendo esta tierra, este sustrato, mediante prácticas agrícolas basadas en la química, que lo envenenan. Un buen número de estas sustancias fueron creadas durante la guerra, para ser utilizadas en ella. Luego la petroquímica orientó la agricultura hacia el uso de esas sustancias para continuar obteniendo beneficios. La tierra es un organismo vivo que están enfermando los abonos químicos: al matar los microbios, las lombrices, al suprimir los oligoelementos, se le priva de todo lo que le da su vitalidad. Por eso la agricultura biológica alimenta la tierra con materias orgánicas obtenidas por compostaje, es decir, por fermentación. Es lo que ocurre, por ejemplo, de manera natural en los bosques: las hojas muertas caen y se descomponen para formar el humus, que vuelve a la tierra y la redinamiza: es el ciclo permanente de la vida y la muerte, todo lo que muere se transforma.

No es por casualidad que la etimología acerque *humus* a *humanidad* y a *humildad*. Es el elemento clave para el resurgimiento de la vida: ¡una materia extraordinaria!

Cuando se composta se produce humus, que se introduce en la tierra, nutriéndola. De esa manera la amamos, la cuidamos y le proporcionamos la capacidad de resurgir de manera única mediante elementos vivos. Es una enseñanza para nuestra vida en general: en lugar de destruir, el ser humano debe integrarse en el círculo y mantener la vida.

El simple sentido común confirma que la cooperación es mucho más eficaz y saludable que la competición a la hora de resolver problemas. Las hormigas, las abejas y termitas nos lo demuestran de alguna manera en el plano elemental de la supervivencia común. Las leyes de la vida, es decir, mutualizar y mancomunar las energías, los saberes y las habilidades, dan como resultado la satisfacción de todos, mientras que la competitividad conduce al debilitamiento de la mayoría en beneficio de una minoría. Mediante la generosidad y la benevolencia que implica, la cooperación es lo más elegante y más inteligente.

Una alquimia secreta y discreta está estableciéndose en las consciencias, pero en silencio, un poco a la manera en que el invierno prepara la explosión de vida de la primavera. En este gran sueño de la naturaleza, se tiene la impresión de que no pasa nada, la apariencia es estática, pero, en profundidad, se lleva a cabo un trabajo de germinación que promete abundancia. Formo parte de los privilegiados que pueden testimoniar este fenómeno. Gracias a las conferencias y a los escritos, estoy en situación de constatarlo frente a un público cada vez más numeroso.

Cuidar de la tierra es cuidar de la vida

Con la agroecología, el cuidado de la tierra responde en particular a una problemática extremadamente dolorosa como es el hambre en el mundo. ¿Cómo es posible admitir que hay niños que nacen para morir de inanición en un planeta que puede alimentar a todos sus habitantes? Pero, por otra parte, las armas proliferan glorificando la muerte. Si se observa la proporción entre la energía consagrada al amor y la puesta al servicio del odio y de la destrucción, nos veremos obligados a constatar que las pulsiones de muerte son más favorecidas que las pulsiones de vida. Por ello, cuidar la tierra es para mí una de las manifestaciones del amor. Además, al cuidar la tierra se cuida al ser humano, todo está relacionado.

Enseñar a un labrador a respetar su tierra, a alimentarse mejor y a alimentar mejor a sus hijos, a conservar el planeta, es un proceso que conduce a generar el bien, a resacralizar, a restablecer el equilibrio y la armonía entre nuestra especie y la realidad viva.

Algunos se preguntan si el advenimiento del ser humano está inscrito en una evolución ordinaria, biológica, o si no somos más que mamíferos ilustrados, entre otros, que desapareceremos, víctimas de noso-

Cuando contemplo la naturaleza, nace en mí una vibración que produce una especie de júbilo.

tros mismos, o si hay otra cosa que justifique nuestra aparición. Cuando contemplo la naturaleza, nace en mí una vibración que produce una especie de júbilo. Es una de las razones importantes por las que hemos decidido comprar una granja, para llevar nuestra vida, donde los criterios de belleza han pesado mucho en nuestra decisión. Las condiciones estrictamente agronómicas eran mediocres: suelo árido y pedregoso, agua insuficiente y ausencia de electricidad. Pero las riquezas como el paisaje, el silencio, el aire puro, aunque no figuraban en un balance contable, se llevaron el gato al agua. En el frenesí productivo, uno no se vincula a la belleza de la vida. La verdadera cuestión es saber cómo mantener esta trascendencia del amor y cómo conseguir que no se desnaturalice a causa de nuestra percepción.

> Cuando nos instalamos en Ardèche, en nuestra pequeña granja, nos calentamos con leña durante el invierno. Éramos muy pobres. Un día, cuando tomaba un café en un bar con unos amigos, escuché quejarse a alguien de estar solo para cortar la leña. Nos acercamos y decidimos colaborar. Una tarde, tras una dura jornada de labor cortando leña en el bosque, llegó el crepúsculo con una puesta de sol espléndida sobre la que se perfilaba el ramaje de un árbol magnífico. Frente a tal espectáculo permanecí en silencio, como en éxtasis. Mi

compañero, intrigado, se acercó y, queriendo compartir con él este instante de felicidad, le dije:

–¡Mira!

Él me contestó:

–¡Podríamos sacar al menos diez metros cúbicos!

¡El malentendido no dejaba de tener sentido!

Encarnar la utopía

Lo que siempre ha generado los mayores problemas en el planeta ha sido debido a la inseguridad y la angustia de la muerte. Cuando rondaba los 40 años, atravesé una crisis de identidad sin precedentes. Lo paradójico es que en ese momento lo tenía todo para disfrutar y no obstante ese fue el momento en que llegó la crisis. Leer los escritos de Krishnamurti me ayudó mucho a recuperarme. Ni paternalista ni consoladora, esa inmensa consciencia iluminada me ayudó solamente a ayudarme a mí mismo. Con una especie de mayéutica socrática sin adoctrinamiento, precepto ni dogma, la mente explora libremente lo real y la realidad autoiniciada por la observación estricta de los hechos sin el imaginario de un pensamiento fértil en hipótesis en detrimento de un realismo sin florituras. Considerado por la sociedad teosófica como en gran iniciador del nosotros, Krishnamurti ha reflejado todo lo que le hubiera petrificado en la postura del gurú. Es el antigurú por excelencia y eso me dio confianza.

La utopía nos descondiciona y nos conduce a veces a trasgredir para sobrevivir. La alternativa está ahí: o nos quedamos en el conformismo del «no se puede cambiar nada», o se trasgrede para ir hacia el cambio.

Encarnar la utopía es ante todo testimoniar que hay que construir un ser diferente. Un ser de consciencia y de compasión, un ser que, con su inteligencia, su imaginación y sus manos rinda homenaje a la vida de la que es la expresión más elaborada, más sutil y responsable.

Me inspiran

THOMAS SANKARA (1949-1987)

Fue una consciencia africana excepcional, con un discurso de resonancia universal. Este abogado humanista fue un gran héroe del África negra. Había en él una contradicción: aunque militar, era hombre de paz, con una verdadera preocupación por el ser humano. También se preocupó de la condición de las mujeres, subordinadas a lo masculino excesivo y dominador. Hizo muchísimo por el reconocimiento de nuestras madres, de nuestras hermanas, de nuestras compañeras, como le gustaba decir.

YEHUDI MENUHIN (1916-1999)

Yehudi Menuhin fue una bella consciencia, un inmenso violinista, un humanista integral, un ecologista y un hombre de paz. Tenía la inocencia de un niño, era un hombre hipersensible y coherente. Amigo de Mandela, era conmovedor. Además de gran artista, creía en valores de otro orden. Sostenía una postura política valiente en todas las circunstancias, y en particular respecto al contencioso palestino-israelí. Para mí fue un gran amigo. Descubrió mi trabajo en el Sahel gracias a la obra *Du Sahara aux Cévennes* y quedó muy impresionado: nuestro encuentro fue de una naturaleza muy profunda. Juntos proyectamos la creación de un Parlamento Europeo de las Culturas, para el mantenimiento de la biodiversidad cultural como riqueza común. El 1992, Yehudi Menuhin me hizo el honor de ofrecer un concierto excepcional dedicado a nuestros proyectos, con un título muy evocador: «Himno por una tierra humana».

MIS TRES CONSEJOS PRÁCTICOS PARA RECONCILIARSE CON LA NATURALEZA

1. Cultivar un huerto

Si puedes cultivar un huerto, no lo dudes. Primero por el vínculo con las leyes de la naturaleza, que es extraordinario. Las estaciones nos enseñan la paciencia. Además, cultivar un huerto no trata simplemente de producir las propias verduras, sino aprender a maravillarse ante el misterio de la vida. Nadie es capaz de realizar esta magia, excepto la propia vida, con esa sutileza, como la del cuerpo humano. Se planta una semillita, y en ella radica un potencial de toneladas de semillas. Resulta mágico que en una semillita dormida, insignificante, exista una potencia de vida tan considerable.

Cultivar un huerto propio también es, en cierta manera, un acto político y legítimo de resistencia. O permitimos que las multinacionales y el mercantilismo planetario nos alimenten patentando la vida, convirtiéndonos en dependientes y confiscándonos nuestra capacidad de asegurar por nosotros mismos nuestra propia supervivencia, o cultivamos nuestros huertos que, además de la alegría que ello nos procura, nos acerca a las fuerzas vitales sin las que no existiríamos.

2. Encarnar la utopía en nuestras elecciones como consumidores

Nuestras elecciones de consumo son importantes. Por ello, cada vez que lleno el depósito de gasolina, estoy dando dinero a las multinacionales contra las que monto en cólera. No puedo negar las contradicciones en que me encuentro aprisionado. Todos estamos atrapados en un sistema que no dejamos de encausar, y que, para perdurar, echa mano de todas las estratagemas subjetivas y simbólicas a fin de manipular, con la publicidad, las consciencias y producir su consentimiento. No solo se vende el uso, sino también el sueño y los fantasmas. Ha llegado el momento de sacudirnos el hechizo para encarnar las utopías creadoras de un mundo tangible basado en la consciencia.

3. El amor para cambiar el mundo

Si se parte del principio de que no puede existir un cambio de sociedad sin cambio humano, la tarea que cada uno puede llevar a cabo es la que hace en sí mismo, en su propia transformación. Creo que un trabajo importante consiste en la encarnación del amor en su relación con sus semejantes, aunque resulte difícil. Pienso igualmente que hay que ser tolerante con respecto a los individuos y no juzgar demasiado deprisa, porque probablemente se encuentran en vía de transformación. Por el contrario, soy intransigente y protesto sin ceder terreno contra quien ultraja el carácter sagrado de la vida.

Construiremos el sosiego planetario a partir de nuestros microcosmos, elaborando una armonía siempre más grande en nuestras familias y nuestras parejas. Cada uno de nosotros dispone de un espacio en el que es soberano y donde su libre albedrío puede ejercerse plenamente. Aparte del amor, no hay otra fuerza que pueda dar a la vida su plenitud y su sentido. Recordemos esta evidencia.

6

LA CONSCIENCIA EN ACCIÓN

CAROLINE LESIRE E ILIOS KOTSOU

ELLA ES DIPLOMADA EN CIENCIAS POLÍTICAS Y TRABAJA EN LA COOPERACIÓN Y EL DESARROLLO.

ÉL ES INVESTIGADOR ES PSICOLOGÍA DE LAS EMOCIONES.

JUNTOS HAN CREADO LA ASOCIACIÓN ÉMERGENCES Y COORDINADO LA REDACCIÓN DE ESTA OBRA.

Un árbol que cae hace más ruido que un bosque brotando», dice un proverbio africano. En nuestro mundo globalizado, nos vemos confrontados de manera cotidiana a malas noticias: hambrunas, trastornos económicos y sociales, incendios, inundaciones, actos de barbarie. Una disputa que se agrava puede hacer más ruido que mil diferencias arregladas sin dramatismos en el mismo momento. Sea cual sea el contexto, la cara oscura de la humanidad suele acaparar más atención que su lado luminoso. Los numerosos actos de generosidad desinteresada y otros comportamientos altruistas raramente ocupan las portadas de los periódicos o son el tema central de nuestras conversaciones.

Según el psicólogo Roy Baumeister, lo negativo es más fuerte que lo positivo. Este sesgo se explica por el hecho de que, para sobrevivir en el entorno tan difícil de nuestros antepasados, era más importante localizar las amenazas que los beneficios potenciales. Frente a la toma de consciencia de todos los errores que hemos cometido y los peligros que nos hacen correr, nosotros, los seres humanos, solemos sentirnos impotentes. Y el hecho de pensar que la situación se nos escapa por completo, que no podemos cambiar nada, nos hace correr el riesgo de conducirnos a una forma de resignación. La manera misma en que circula la información nos confina por lo general a un papel pasivo de espectadores: asistimos a la transmisión casi vertical del contenido por parte de una fuente autorizada (experto, periodista, economista, etc.) hacia un receptor pasivo. ¿Cómo mantener la esperanza en este contexto, mientras que existe una voluntad cada vez más intensa por parte de los ciudadanos de sentirse implicados y pasar a la acción?

Los peligros de la resignación

Poner nuestra consciencia en marcha a fin de encontrar esta paz global con nosotros mismos y entre nosotros requiere mantener la esperanza y no resignarse a un futuro muy incierto.

Uno de los estudios emblemáticos sobre la cuestión de la resignación ha sido realizado desde 1967 por el psicólogo Martin Seligman y sus colegas.[1] En la primera parte del experimento, los investigadores sometieron a dos grupos de perros a descargas eléctricas moderadas. En uno de los grupos era posible que los perros accionasen una palanca que detenía las descargas. El otro grupo de perros carecía de control sobre la situación. Luego se metía a todos los perros en un recinto conformado por dos partes separadas por una barrera. Las descargas se sentían en una de las dos partes: bastaba pues con saltar la barrera para escapar. Los investigadores constataron que los perros que al principio carecían del control de la situación no intentaban huir de las descargas, contrariamente a los del otro grupo.

Este mismo síndrome de «resignación adquirida», como lo denominaron los investigadores, se ha observado también en seres humanos. Cuando una persona se da cuenta de su ausencia de control sobre los acontecimientos, suele adoptar una actitud resignada o pasiva que se generaliza en todas las situaciones en las que su acción hubiera podido ser eficaz. El individuo se torna entonces impermeable a su entorno e incluso llega a olvidar los pequeños gestos de solidaridad cotidianos hacia un vecino o una persona en dificultades. La resignación adquirida reduce también nuestra motivación y nuestras capacidades de aprendizaje, por otra parte tan útiles para hacer evolucionar el mundo.

La esperanza de ser útil

Para mantener la esperanza necesitamos percibir que nuestras acciones sirven para algo. Para el psicólogo Albert Bandura, la sensación de que podemos obtener los resultados deseados gracias a nuestras propias acciones es el fundamento de nuestra motivación para actuar: es lo que se denomina el «sentimiento de eficacia».[2] Si no estamos convencidos de poder cambiar las cartas, tendremos cada vez menos razones para actuar, y todavía menos para hacer frente a las dificultades.

Las advertencias y los modelos negativos que se concentran en los riesgos de una situación son necesarios para hacerse consciente de la urgencia de un cambio. Pero como han demostrado numerosas investigaciones en el campo de la psicología positiva, no bastan para poner en práctica y mantener verdaderas tentativas de cambio perdurables.

La esperanza es indispensable para pasar del desánimo inspirado por la consciencia de la urgencia a un compromiso alegre, enraizado en un optimismo realista y confiado. Escuchar el bosque que crece más que el árbol que cae es hacerse consciente de que no somos los únicos que funcionamos, y que son muchas las mutaciones positivas que ya están manos a la obra. Algunas aparecen al final del libro. Una toma de consciencia así es normal que proporcione esperanza en el futuro y nos anime a proseguir con las acciones ya iniciadas.

Alimentar la esperanza e interesarse en lo positivo no significa mantener una visión idealizada del mundo o ignorar los sufrimientos y dificultades. Más bien se trata de considerar que junto con los problemas, disfunciones y enormes desafíos a los que toda la humanidad debe enfrentarse, se desarrollan múltiples y prometedores proyectos individuales y colectivos. En eso se interesa la psicología positiva, como hemos explicado en una obra precedente.[3]

Alimentar la esperanza e interesarse en lo positivo no significa mantener una visión idealizada del mundo o ignorar los sufrimientos y dificultades.

Una marcha de mil leguas empieza con el primer paso

> «Caminante, son tus huellas el camino y nada más;
> caminante, no hay camino,
> se hace camino al andar.
> Al andar se hace el camino, y al volver la vista atrás
> se ve la senda que nunca se ha de volver a pisar.
> Caminante, no hay camino, sino estelas en la mar.»
>
> ANTONIO MACHADO[4]

Los pasitos son indispensables para todo gran cambio y también permiten no desanimarse ante la enormidad de la tarea. Como dijo Confucio: «Quien desplaza la montaña empieza quitando piedras pequeñas». Para encontrar el valor para ponerse en marcha, tal vez nos haría falta aprender a actuar siendo conscientes de la importancia de cada uno de nuestros actos y apreciarlos en lo que son, por su intención y sin obsesionarnos por los resultados, que no dependen únicamente de nosotros, y que no siempre llegan de inmediato. Esta forma de discernimiento también nos permite concentrar nuestra energía en los campos en los que gozamos de influencia, así como aprender a aceptar lo que no podemos cambiar directamente.

Con respecto a nuestra fuerza y nuestra responsabilidad en los cambios con el objetivo de tener un mundo más justo, Stéphane Hessel dijo: «Cada uno, en tanto que modesto miembro de su sociedad, que junto con otras sociedades se dirige hacia la sociedad mundial, puede realizar una ínfima parte de la voluntad requerida para esta reforma, y en su entorno más cercano. No es indispensable ir a Nueva York y hablar en el Consejo de Seguridad. Una persona puede muy bien estar en París y decirse: "Aquí, en el distrito 14º, hay muy pocos árboles. Deberíamos hacer algo". Y estas acciones se generalizarían a través del imperativo categórico, a fin de que todas nuestras acciones tuvieran un sentido común».[5]

El contagio del cambio

¿Cómo, pues, podemos, a partir de nuestra acción individual, contribuir a crear las condiciones para que el bosque crezca y se desarrolle? El cambio es contagioso: diversas experiencias ilustran la manera en que las espirales positivas suelen desencadenarse a partir de pequeñas emociones o gestos cotidianos. Cuando modificamos los comportamientos y decidimos introducir algo más de coherencia en nuestras vida, eso no solo afecta a nuestras vidas, sino que también influimos a nuestro entorno directo, así como a cada una de las personas con las que interaccionamos. Y eso ocurre tanto en los grandes momentos de nuestra existencia como en cada pequeño encuentro cotidiano.

A partir de ahí, concentrarse en las fuerzas, las virtudes y las cualidades de un individuo o de un grupo, reconocer los efectos beneficiosos de los demás o simplemente prestar atención a lo mejor que hay en cada uno de nosotros es el resorte de una espiral positiva ascendente que puede transformar la sociedad mucho más de lo que pudiéramos imaginar.

Tomemos la gratitud: esa emoción que refuerza nuestras relaciones y nos conecta al mundo es, según el doctor Emmons, que ha consagrado su vida a su estudio, uno de los raros elementos de la naturaleza que puede aportar un cambio cuantificable en nuestras vidas y en las de los demás.[6] La gratitud nace en nosotros cuando nos damos cuenta de que hemos recibido un beneficio, un favor, gracias a la acción de otras personas. Reconocemos nuestros vínculos y nuestra interdependencia con los demás, nos hacemos conscientes de que para existir nos necesitamos los unos a los otros. Como dijo André Comte-Sponville:[7] «Agradecer es dar; dar las gracias es compartir». Numerosos estudios científicos muestran que la gratitud aumenta los comportamientos positivos de quien ha sido ayudado más allá de una simple norma de reciprocidad. Por otra parte, el benefactor también se beneficia: la sensación de utilidad social que percibimos al día siguiente de haber recibido expresiones de gratitud nos motiva a ayudar a los demás.[8]

Obrar sin expectativas

A oídos de un sabio llegan noticias acerca de un incendio en el bosque. Reúne a sus discípulos y les dice:

–Debemos replantar cedros.

–¿Cedros? Pero, maestro, ¡necesitan dos mil años para crecer!

–Entonces démonos prisa, ¡no hay tiempo que perder!

Otro ejemplo interesante es la sensación de elevación. Los estudios del profesor Jonathan Haidt muestran que el hecho de ser testigo directo de actos prosociales o de oír hablar de ellos activa el deseo de ser mejor y de llevar a cabo a su vez actos de ayuda mutua.[9] La elevación motiva para actuar de manera altruista, lo que favorece la gratitud, que, a su vez, facilita el sentimiento de elevación y altruismo: se pone en marcha la espiral positiva.

Para comprobar la influencia concreta de este sentimiento en los comportamientos, Simone Schnall, profesor de la Universidad de Cambridge, y su equipo diseñaron un experimento en el que los participantes fueron expuestos a un fragmento de un vídeo procedente bien de un programa neutro (documental sobre la naturaleza), de una película que inducía

Los niños de esta favela tienen ahora derecho a la *bolsa familia* a condición de estar escolarizados y contar con un carnet de vacunaciones actualizado.

el sentimiento de elevación (biografía de la Madre Teresa) o de una comedia. Tras hacer visionar el trozo, el investigador fingía necesitar ayuda. Explicaba a los participantes que podían irse, pero que le sería de gran utilidad si le ayudasen en una tarea fastidiosa. Los resultados mostraron que los participantes que visionaron el trozo de película que inducía el sentimiento de elevación (por ejemplo, la biografía de la Madre Teresa) consagraron el doble de tiempo a ayudar al investigador.[10]

Es una de las razones por las que hemos querido, en esta obra, verter luz sobre proyectos altruistas impulsados por individuos o colectivos que se comprometen por un mundo más solidario, duradero y equitativo. También es la razón por la que todos los autores han citado a personas que les inspiran.

Los colibríes están por todas partes

Abrir mucho los ojos para ser testigo consciente de actos altruistas y pasar tiempo con personas que viven y vehiculan cotidianamente valores que apreciamos es una fuente de enriquecimiento para uno mismo y también para la sociedad. Hemos visto que la elevación y la gratitud nos permiten sentirnos bien, pero que también nos incitan a mejorarnos: por ello influyen profundamente nuestros comportamientos y relaciones. Edgar Morin insiste mucho en esta necesidad de conectar y reconocernos: «Así –dice– podremos sentir realmente nuestro destino común, el sentido de la responsabilidad personal, del compromiso por toda la humanidad, de la que somos una pequeña fracción, un pequeño colibrí».[11]

El compromiso de un solo individuo puede parecer irrisorio frente a la enormidad de la tarea, pero incluso las instituciones más espesas y las multinacionales más grandes se componen, de la cúspide a la base, de individuos capaces de cambiar. A partir del momento en que los individuos son impelidos por esta visión diferente del mundo (más cooperativa, más altruista), alcanzando una cierta masa crítica, participan en el cambio a un nivel social que puede influir en la cultura y afectar a las instituciones. No sirve de nada esperar a ver cambiar a las instituciones sin cambiar los modelos y las mentes que las crearon. Por otra parte, iniciar el cambio al nivel individual permite no quedarse al nivel de la motivación y cambiar las instituciones a la luz de los conocimientos, de la comprensión, de la sabiduría y de la coherencia, que son obra de un cambio individual. Como dijo Jon Kabat-Zinn: «Llegará el momento, sí, pero con la única condición que nos apliquemos a despertarnos».

Finalmente, un poco de humor, de alegría y de ligereza nos parecen ingredientes indispensables para no tomarse demasiado en serio y seguir conectados a la

No estamos separados; ocuparse de la naturaleza, de los demás y de nosotros mismos es hacerlo de la vida. Y permanecer conectados a la vida es permanecer a la escucha de los cambios.

vida. Eso es también lo que permite permanecer humildes y conscientes de que no controlamos gran cosa aparte de nuestros comportamientos. «La humildad –dice Pierre Rabhi– permite no renunciar al júbilo.» ¿Cómo hacer las cosas con seriedad sin tomarse en serio? «Hay que darse a uno mismo lo necesario para estar alegre.»[12]

Si cada persona se ocupase de sus heridas, tal vez podría causar menos daño a los demás y al medio ambiente. Las palabras de Jon Kabat-Zinn, Pierre Rabhi, Matthieu Ricard y Christophe André se unen en este mensaje: no estamos separados; ocuparse de la naturaleza, de los demás y de nosotros mismos es hacerlo de la vida. Y permanecer conectados a la vida es permanecer a la escucha de los cambios.

En nosotros, tal vez se produce, dijo Edgar Morin, una metamorfosis, una transformación radical, a imagen de la oruga que se autodestruye para autocrearse y convertirse en un ser mejor como mariposa.[13] En esta etapa crucial, como una ola que se hiciese consciente de que no está separada de la inmensidad del océano, podemos escoger dirigir nuestra atención sobre nosotros mismos y descubrir, en nuestro interior, un espacio inmenso, que es el mundo.

Nos inspiran

VIKTOR FRANKL (1905-1997)

Nacido en Viena en 1905, Viktor Frankl fue profesor de Neurología y Psiquiatría. En 1942 fue deportado, con su familia, al campo de concentración de Theresienstadt. En 1944 fue enviado a Auschwitz, donde sería liberado un año más tarde. Observa con asombro que los más fuertes, quienes más metidos estaban en la acción, eran los primeros en morir, mientras que quienes parecían más débiles resistían mucho más tiempo: «Frente al absurdo, los más frágiles desarrollaron una vida interior que les permitía un espacio donde guardar la esperanza y poner en causa el sentido». Esta prueba, de la que sus padres y su esposa no regresarían, le inspiró una teoría sobre el sentido de la vida, llamada «logoterapia».

Para nosotros, encarna de maravilla la capacidad del ser humano de atravesar pruebas dolorosas y tener una vida interior rica al servicio de los demás.

ÉMILE SHOUFANI (NACIDO EN 1947)

Nacido en Nazaret, Émile Shoufani es un teólogo y educador cristiano árabe, de nacionalidad israelí. Pocos meses después de la creación de Israel, su familia fue expulsada. Su abuelo y su tío fueron asesinados por el ejército israelí durante la primera guerra árabe-israelí. Criado por su abuela, esta le inculcaría el valor del perdón y el rechazo del odio. Quien era muy conocido con el nombre de «el cura de Nazaret» ha puesto en marcha, desde 1988, numerosos proyectos de educación por la paz, la democracia y la coexistencia en el Colegio de San José, que dirigiera durante más de veinte años. Para él, la diversidad cultural y religiosa, lejos de ser un obstáculo, debería considerarse como un vector de paz. A finales de 2002 lanzó el proyecto «Memoria por la paz», y en 2003 organizó una peregrinación común judía y árabe a Auschwitz-Birkenau, en la que Caroline tuvo oportunidad de participar en el marco de sus estudios. Ese mismo año, el padre Shoufani recibió el premio Unesco de la Educación por la Paz.

TRES RECOMENDACIONES PRÁCTICAS

1. La imparcialidad

«¿Por qué dividimos la vida, calificando tal cosa de buena y tal otra de mala, y creando así el conflicto de los contrarios?», pregunta Krishnamurti.

Juzgamos continuamente, pegamos etiquetas y clasificamos a las personas. Esos juicios de valor son potenciales generadores de conflictos, de frustración y malestar. Limitan nuestra comprensión de los demás e impiden una verdadera comunicación.

En lugar de ello intentemos cultivar una actitud humana y cálida hacia las personas con las que tratemos, aceptándolas tal como son y comprendiendo que las dificultades son a menudo fruto de incomprensiones, torpezas y sufrimientos.

Los tres tamices

Un día llegó alguien para ver a Sócrates y le dijo:

–¿Sabes de qué me he enterado sobre tu amigo?

–Un momento –respondió Sócrates–. Antes de que me cuentes nada, me gustaría hacerte una prueba, la de los tres tamices: ¿has comprobado que lo que vas a contarme sea verdad?

–No. Solo lo he oído decir...

–Lo que quieres decirme sobre mi amigo, ¿es algo bueno?

–¡No! Al contrario.

–¿Tiene alguna utilidad que me cuentes lo que has sabido de mi amigo?

–No. La verdad es que no.

–Entonces –concluyó Sócrates–, si lo que vas a contarme ni es cierto, ni es bueno, ni es útil, ¿para qué quieres decírmelo?

2. Dulzura hacia uno mismo

¿No resulta paradójico desear la paz con los demás, la paz externa, si resulta que interiormente estamos siempre en lucha? La dulzura e indulgencia hacia nosotros mismos nos parecen condiciones previas para una relación más sosegada con los demás y con el mundo. La dulzura hacia uno mismo, también llamada autocompasión, hace referencia a esta actitud benevolente hacia nosotros mismos, sobre todo útil en los momentos difíciles, en los que solemos ser más exigentes y duros con nosotros mismos.

Ser más dulces y más comprensivos con nosotros mismos, abrirnos con benevolencia a nuestras fragilidades, nos permite unirnos con humildad a esta gran familia humana.

3. Alimentar lo positivo

Existen numerosas maneras de favorecer y alimentar espirales positivas en nuestras vidas, en nuestras parejas. Podemos elegir hacia dónde dirigir nuestra mirada y alimentarnos de ejemplos de personas altruistas e inspiradoras. Finalmente, podemos esmerarnos en ofrecer y recibir regularmente expresiones de gratitud.

EPÍLOGO
TODO EMPIEZA AQUÍ

Los desafíos a los que nos enfrentamos son inmensos, pero ya están en marcha una multitud de personas y de proyectos. En las cuatro esquinas del planeta hay hombres y mujeres que se hacen conscientes, se comprometen e inventan nuevas maneras de vivir juntos. Esta obra es además una manera de rendirles homenaje en el espíritu de Lao Zi, que nos dice: «Más vale encender una vela que maldecir la oscuridad».

A lo largo de estas páginas hemos evidenciado esta constatación: cambiarse y cambiar el mundo no son dos elementos que se opongan, sino dos procesos que se alimentan y refuerzan mutuamente.

Lo que hacemos día a día es lo que cambia realmente el mundo, nos dice Christophe André. Para que nuestros comportamientos sean libres y coherentes, debemos aprender a resistir todas las influencias inconscientes que nos separan de nuestra humanidad. Practicando la atención plena (mindfulness), como enseña Jon Kabat-Zinn, aprendemos a cultivar un espacio de apertura y libertad que nos permite no solo navegar mejor en los momentos difíciles, sino también abrirnos a la belleza del mundo. Esta presencia centrada nos reconecta con nuestro potencial de curación interior y con nuestros recursos de compasión y empatía, altruismo y cooperación.

Matthieu Ricard nos recuerda que estamos hechos para vivir juntos, desde que nacemos hasta que morimos. Necesitamos recibir y dar ternura. En el corazón de esta revolución de las consciencias se encuentran el amor y el altruismo.

Finalmente, Pierre Rabhi llama nuestra atención acerca de la necesaria elevación de las consciencias, a fin de querer y proteger esta Tierra, que tanto lo necesita. Nos hará falta, nos dice, responder a nuestra verdadera vocación, que no es producir y consumir sin fin, sino amar, admirar y ocuparnos de cuidar de la vida bajo todas sus formas.

Ya en el siglo xiv, el filósofo Longchenpa[1] evocaba tres venenos que siguen pareciendo muy actuales: la avidez y la codicia –que entrañan comportamientos de consumo desenfrenado–, el odio –con el que respondemos a situaciones de injusticia con violencia– y la ignorancia, cuando nos creemos separados de los demás y del mundo.

La leyenda de las grandes cucharas

Se cuenta que un viajero, tras haber recorrido la mayoría de los lugares de que tenía noticia, se encontró un día frente a un cruce nuevo. Tomó el camino de la derecha y se encontró frente a una puerta sin nombre. Al acercarse, escuchó gritos de sufrimientos y horribles gemidos. Abrió la puerta y entró en una vasta pieza donde todo estaba preparado para un extraordinario festín. En el centro aparecía una enorme mesa puesta, y sobre esta mesa, un plato que contenía deliciosos manjares cuyos efluvios le hicieron salivar. Mientras tanto, los convidados sentados a la mesa aullaban de hambre: las cucharas, el doble de largas que sus brazos, estaban fijadas a sus manos de tal manera que podían servirse, pero ninguno conseguía llevarse la comida a la boca. Asustado, el viajero volvió sobre sus pasos y eligió el otro camino. El lugar al que llegó parecía idéntico al anterior, pero al acercarse no escuchó más que carcajadas y buen humor. Los convidados se enfrentaban al mismo desafío, pero había cambiado una cosa: en lugar de intentar desesperadamente llevarse la comida a la boca, se alimentaban los unos a los otros.

Cada una de las opciones que le proponemos a la cotidianidad cuenta y cambia el mundo.

A modo de antídoto, nuestros cuatro sabios proponen adoptar una actitud de sobriedad feliz, cultivar la atención plena y centrarnos en el amor y la compasión. A lo largo de este libro quedan evidenciadas nuestras capacidades de empatía y de asombro y la belleza de esos vínculos que nos unen y superan.

Llegados al final de la obra, ¡es aquí donde todo empieza! En este mundo, de creciente complejidad, henos aquí devueltos a nuestra responsabilidad personal, a lo que podemos, cada uno y cada una, cambiar a nuestro nivel para contribuir a la emergencia de un mundo nuevo. Conectándose a uno mismo, gracias a la meditación por ejemplo, podemos incluso crear un espacio de apertura y libertad, y conectar mejor con nuestro potencial de curación interior, así como con nuestros inmensos recursos de compasión y de empatía, altruismo y cooperación.

El mundo se construye a trocitos, a través de la acción de personas anónimas. En las páginas que siguen a continuación aparecen algunas pistas: alimentarse de otra manera, vivir de otra manera, informarse de otra manera, educar y consumir de otra manera, proteger el medio ambiente, comprometerse por los demás y, sobre todo, permanecer a la escucha de uno mismo y de sus emociones para estar en la vida conscientemente.

Cada una de las elecciones que le proponemos a la cotidianidad cuenta, y cambia el mundo: de esos pequeños arroyos nacen los riachuelos, que a su vez alimentan los ríos que luego se convierten en mares.

«Sobre todo no hay que minimizar
la importancia y la fuerza de las pequeñas
resoluciones que, lejos de ser anodinas,
contribuyen a construir el mundo al que
cada vez somos más los que aspiramos.»

PIERRE RABHI

ANEXO 1
PROYECTOS QUE MUEVEN EL MUNDO

Cambiar el mundo pasa por un compromiso individual como ciudadano activo, responsable y solidario. En este espíritu, cada uno de nosotros puede convertirse en portador de esperanza. En todos los casos, habría que conseguir que nuestros actos contribuyesen a un cambio global.

¿Cuáles son las iniciativas en las que podemos participar desde hoy mismo?

Le Mouvement Colibris
95, RUE DU FAUBOURG SAINT-ANTOINE
75011 PARÍS (FRANCIA)
TEL.: (33) 142155017
www.colibris-lemouvement.org
info@colibris-lemouvement.org

Creado en 2007 bajo el impulso de Pierre Rabhi, Colibris es un movimiento ciudadano que cuenta con más de 70.000 personas y 20 grupos locales dedicados a construir un nuevo proyecto de sociedad. Este movimiento se articula alrededor de tres ideas principales:

Inspirar
Para iluminar caminos de cara al futuro, el movimiento ha cocreado una colección de libros con Actes Sud (Domaine du Possible) y una revista para el público en general (*Kaizen, Changer le Monde Pas à Pas*) con Eko Libris, y ha organizado una primera campaña de sensibilización y de actuación.

Unir
Para hacer que los ciudadanos, empresarios y políticos se pongan en marcha, Colibris propone actuaciones sobre el terreno y en especial foros abiertos: reuniones creativas que permiten a numerosas personas intercambiar opiniones sobre los temas que les apasionan y elaborar acciones comunes para sus territorios.

Sostener
A fin de facilitar la acción, Colibris propone fichas prácticas y formaciones en todos los campos: agricultura, energía, hábitat, educación...

Colibris comparte los valores del conjunto de las iniciativas inspiradas por Pierre Rabhi y coopera con todas estas estructuras: Terre & Humanisme, Hameu des Buis/La Ferme des Enfants, Les Amanins/L'école du Colibri, Oasis en Tous Lieux, Fonds de Dotation Pierre Rabhi. Cada organización es autónoma y desarrolla acciones específicas en función de su competencia, pero con una vocación común: animar la emergencia y la encarnación de nuevos modelos de sociedad para una política que se plasme en hechos.

1. Alimentarse de otra manera

¿Qué significa alimentarse de otra manera? ¿Cómo alimentarse bien en la actualidad?

Podemos repensar nuestra alimentación para cambiar la manera en que nos aprovisionamos y nos alimentamos: favorecer los circuitos cortos de distribución, fomentar la agricultura biológica, consumir verduras y frutas de temporada, cultivar un huerto propio, limitar el consumo de carne.

Red de Huertos Urbanos de Madrid

redhuertosdemadrid@gmail.com
www.redhuertosurbanosmadrid.wordpress.com

La Red de Huertos Urbanos de Madrid está formada por 14 colectivos que se dedican a la agricultura ecológica en espacios urbanos públicos y comunitarios de la ciudad. La red sirve de punto de comunicación y de encuentro para conseguir apoyo mutuo, compartir conocimientos, intercambiar experiencias, conseguir insumos e incidir de forma conjunta en la sociedad sobre estas prácticas.

Plataforma aprovechemos los alimentos
paaliments@gmail.com
www.aprovechemoslosalimentos.wordpress.com

Grandes cantidades de alimentos se desperdician cada día o se pierden en la cadena alimenticia. Solo con la mitad de lo que se desaprovecha se podría alimentar a toda la población que pasa hambre en el mundo. La Plataforma Aprovechemos los Alimentos aglutina personas y entidades que trabajan por la cultura del aprovechamiento de la comida. Su objetivo es provocar el debate social sobre el despilfarro alimentario, ponerlo en la agenda política y conseguir reducir y prevenir este problema que tiene graves consecuencias económicas, ambientales y sociales.

Germinal
CALLE ROSSEND ARÚS, 74
08014 BARCELONA
Teléfono: 932 966 959
germinal@pangea.org
www.coopgerminal.coop/web

En Barcelona existen unas 30 cooperativas de consumo ecológico que creen que otra agricultura y otra alimentación son posibles y que el consumo puede ser una herramienta de transformación social. Germinal fue la primera que se constituyó en 1993 y cuenta ya con cinco centros de actividad. Como el resto del total de cooperativas, no es una tienda, funcionan con trabajo voluntario de sus socios organizados en comisiones y se defiende el consumo de proximidad en contacto directo con los productores locales para, de esta manera, apoyar la recuperación del mundo rural.

Movimiento Agroecológico Latinoamericano (MAELA)

webmaela@gmail.com
www.maela-agroecologia.org

El Movimiento Agroecológico Latinoamericano representa a un millón de campesinos, muchos de ellos indígenas, que forman parte de 210 organizaciones en 20 países del continente. Agrupados, defienden y sostienen un desarrollo agroalimentaria sano, seguro y rural basado en lograr la soberanía alimentaria y el respeto a la naturaleza en contraposición al modelo que se les quiere imponer.

Terre & Humanisme PESI (PRÁCTICAS ECOLÓGICAS Y SOLIDARIDAD INTERNACIONAL)

MAS DE BEAULIEU
07230 LABLACHÈRE (FRANCIA)
TEL.: (33) 475366401
www.terre-humanisme.org
infos@terre-humanisme.org

Creada en 1994 con el nombre de Amis de Pierre Rabhi, la asociación Terre & Humanisme opera en favor de la transmisión de la agroecología como práctica y ética con vistas a la mejora de la condición del ser humano y de su entorno natural. A través de actividades de formación y sensibilización, el núcleo de sus acciones lo conforma la contribución activa a la autonomía, la seguridad y la salubridad alimentarias de las poblaciones, así como la preservación y regeneración de los patrimonios alimentarios.

Centre Agroécologique Les Amanins
26400 LA ROCHE-SUR-GRÂNE (FRANCIA)
TEL.: (33) 475437505
www.lesamanins.com
info@lesamanins.com

Les Amanins es un lugar de producción agrícola que integra en su enfoque una visión ecológica y que alberga un centro de información y de distribución de los saberes ecológicos. Este centro plural de experimentación en alimentación, pedagogía, construcción, gestión de residuos, la relación y cooperación entre individuos nació en 2003 del encuentro entre Michel Valentin, empresario fallecido la primavera de 2012, y Pierre Rabhi, agricultor y filósofo.

Agence Française pour le Développement et la Promotion de l'Agriculture Biologique
6, RUE LAVOISIER
93100 MONTREUIL-SOUS-BOIS (FRANCIA)
TEL.: (33) 148704830
www.agencebio.org

www.printempsbio.com
contact@agencebio.org

La Agencia BIO es una plataforma pública y de ámbito nacional (francés) de información y programas para el desarrollo de la agricultura biológica.

Bio Consom'Acteurs
9-11, AVENUE DE VILLARS
75007 PARÍS (FRANCIA)
TEL.: (33) 144111398
www.bioconsomacteurs.org

Desde su creación en 2005, la asociación actúa en favor del desarrollo de una agricultura biológica y equitativa, y del consumo de los productos resultantes. A este respecto, sensibiliza e informa a los ciudadanos sobre la importancia de sus elecciones de consumo. Interpela a los políticos acerca de la necesidad de poner a todos los ciudadanos manos a la obra para fomentar esta agricultura. Anima los intercambios que garanticen –del productor al consumidor– prácticas sociales y económicas respetuosas para el ser humano y su entorno.

Intelligence Verte
41200 MILLANÇAY
TEL.: (33) 254954504
www.intelligenceverte.org
info@intelligenceverte.org

La asociación fue fundada en marzo de 1999 por Philippe Desbrosses y Jean-Yves Fromonot. El objetivo de

Intelligence Verte es reunir y proporcionar herramientas a quienes deseen participar en la salvaguardia de especies olvidadas y aprender cómo la naturaleza nos ayuda a mejorar nuestra vida particular y profesional.

Collectif ACAP
32, RUE DE PARADIS
75010 PARÍS (FRANCIA)
TEL.: (33) 145790759
www.collectif-acap.fr
mdrgf.coordi@wanadoo.fr

La ACAP –Acción Ciudadana para las Alternativas a los Pesticidas– es un colectivo de asociaciones lanzado en octubre de 2004 por iniciativa del MDRGF (Movimiento por los Derechos y el Respeto por las Generaciones Futuras). En la actualidad cuenta con 170 organizaciones, que representan a más de 300 asociaciones repartidas por Francia. Este colectivo tiene como objetivo informar a nuestros conciudadanos de los peligros sanitarios ligados a la contaminación del agua, el suelo, el aire, los alimentos y nuestros cuerpos causada por los pesticidas. La ACAP se constituyó para incitar a los poderes públicos a reducir el uso intensivo de pesticidas en Francia y proponer una verdadera política en favor de alternativas como la producción integrada y la agricultura biológica.

Kokopelli
PIST OASIS
131, IMPASSE DES PALMIERS
30319 ALÈS CEDEX (FRANCIA)

TEL.: (33) 466306491
www.kokopelli-semences.fr
semences@kokopelli-semences.fr

TERRE POTAGÈRE - SEMENCES DE KOKOPELLI
RUE FONTENA, 1
B-5374 MAFFE (HAVELANGE)
BÉLGICA
kokopelli.be@kokopelli-semences.fr
TEL.: (32) 86323172

Kokopelli es una asociación que trabaja por la protección de la biodiversidad alimentaria, reuniendo a todos los que desean preservar el derecho de sembrar libremente semillas de hortalizas y cereales, variedades antiguas o modernas, libres de derechos y reproducibles. También ofrece seminarios sobre semillas, plantas medicinales, agroecología...

Réseau Cocagne

21, RUE DU VAL-DE-GRÂCE
75005 PARÍS (FRANCIA)
TEL.: (33) 143263784
www.reseaucogane.asso.fr
rc@reseaucocagne.asso.fr

Jardins de Cocagne son huertos biológicos con vocación de inserción social y profesional. A través de la producción y distribución de verduras biológicas, bajo la forma de cestas semanales, a socios-consumidores, estos huertos permiten a adultos con dificultades encontrar un empleo y (re) construir un proyecto personal.

Miramap
58, RUE RAULIN
69007 LION (FRANCIA)
TEL.: (33) 481916051
www.miramap.org

Miramap es un movimiento que reúne a las redes territoriales de las AMAP, las AMAP, sus productores y consumidores alrededor de valores comunes. Este movimiento reúne a productores, consumidores y empresas asociadas del mundo agrícola y de la economía solidaria. Juntos implementan una asociación equitativa basada en la confianza, la transparencia y la solidaridad económica, de cara a una agricultura campesina, socialmente equitativa y ecológicamente sana y para un consumo responsable.

Les Incroyables Comestibles
TEL.: (33) 388476654
www.incredible-edible.info
francois@incredible-edible.info

Iniciativa ciudadana apolítica y no comercial que se basa en la implicación de voluntarios movilizados para vivir experiencias de reparto y cooperación en un espíritu distendido, en relación con una nueva forma de horticultura participativa.

Disco Soupe
www.discosoupe.org
discosoupe@gmail.com

Versión francesa de las Schnippel Disko alemanas. Las Disco Soupes son sesiones colectivas abiertas a todos, de peladura de frutas y verduras de desecho o no vendidas en un ambiente musical y festivo a fin de crear sopas, ensaladas y zumos de frutas que a continuación son redistribuidas entre todos gratuitamente o a un precio simbólico. Nuestro lema: «La jovialidad contra el derroche, la gratuidad del reciclaje y el placer del disco».

2. Vivir de otra manera

En 2050, el 70 % de la población mundial será urbana. De este modo de vida urbano se derivan tres grandes problemas: la contaminación, pues las ciudades serán responsables del 80% de las emisiones de CO_2 y consumirán, ellas solas, el 75% de la energía mundial, el espacio y la cuestión de vivir juntos. Frente a estos desafíos, cada vez más ciudadanos se repiensan su manera de vivir: hábitats agrupados, hábitats canguro, ecobarrios, cooperativas de habitantes. El hábitat participativo se desarrolla a gran velocidad en Francia y en el extranjero.

Amayuelas

PALENCIA, CASTILLA Y LEÓN (ESPAÑA)
Teléfono: 979 154 161 - 656 309 855
www.amayuelas.es

Amayuelas de Abajo es un pueblo ecológico que fue repoblado y rescatado del semiabandono en la década de los 1990 por un grupo de gente comprometida con mantener vivo el mundo rural y recuperar la cultura campesina. Construyeron viviendas bioclimáticas, funcionan con energías renovables, pusieron en marcha cultivos ecológicos, impulsaron pequeñas empresas vinculadas con la actividad agrícola y turística y crearon la Universidad Rural Paulo Freire, donde se imparten cursos y talleres de agricultura sostenible, soberanía alimentaria y bioconstrucción.

Red Ibérica de Ecoaldeas (RIE)

www.rie.ecovillage.org
kevinlluch@gmail.com

Unos 30 asentamientos repartidos por toda España que viven y trabajan en comunidad con criterios de sostenibilidad y respeto por el entorno natural forman parte de la Red Ibérica de Ecoaldeas. Su función es establecer sinergias entre las experiencias comunitarias existentes en la Península y en América Latina, conectar a personas interesadas en esos proyectos y apoyar la creación de nuevas iniciativas colectivas que apuesten desde pueblos y ciudades por esta forma de vida.

Can Masdeu

PARQUE NATURAL DE COLLSEROLA (BARCELONA)
www.canmasdeu.net/es

Can Masdeu es un centro social ocupado ubicado en lo que era un antiguo hospital de leprosos y que hoy es el epicentro desde donde se da forma a diferentes proyectos comunitarios. Se organizan de forma autogestionada alrededor de una economía basada en la aportación de tiempo, el reciclaje de materiales, la producción artesanal y los cultivos ecológicos. Entre sus proyectos destacan la asamblea de huertos comunitarios, donde un centenar de vecinos del barrio trabajan la tierra, y las visitas de educación agroecológica que organizan para escuelas.

Trabensol

CALLE CANAL DE ISABEL II, 19
28189 TORREMOCHA DE JARAMA (MADRID)
Teléfono: 918 683 700 - 672 416 983
interesados@trabensol.org / trabensol@gmail.com
www.trabensol.org

Inspirados en un modelo conocido como *cohousing* o vivienda colaborativa, Trabensol es un centro social de convivencia de personas mayores que decidieron enfrentar juntas la etapa de la vejez ensayando una nueva forma de vivir colectiva acorde con sus necesidades. Funcionan organizados en cooperativa, tomando decisiones de forma democrática en asamblea vía consensos. Su objetivo es disfrutar de una vejez socialmente activa, alternativa y en comunidad.

Techo Cívico
CALLE CASPE, 43, BAJOS
08010 BARCELONA
info@sostrecivic.org
http://www.sostrecivic.org/es

Ante el encarecimiento del precio de la vivienda, la asociación Techo Cívico se planteó desarrollar un modelo cooperativo alternativo a la propiedad o al alquiler basado en el derecho o cesión de uso y que permitiera hacer efectivo el derecho a la vivienda. El propietario aquí es la cooperativa, en la que cada socio aporta un capital inicial y un derecho de uso mensual equiparable a un alquiler, pero asequible.

Le Hameau des Buis
SOCIÉTÉ CIVILE LE HAMEAU DES BUIS
CHAULET-CASTELJAU
F07230 LABLACHÈRE (FRANCIA)
TEL.: (33) 475350997
hdb@la-ferme-des-enfants.com

Hameau des Buis es un lugar de vida y de acogida animado por una cincuentena de habitantes de entre 3 y 82 años. Una veintena de alojamientos ecológicos y bioclimáticos construidos alrededor de un colegio, una granja, un vergel, invernaderos y huertos.

Habicoop

c/o LOCAUX MOTIV
10 BIS, RUE JANGOT, 69007 LYON (FRANCIA)
TEL.: (33) 972293677
www.habicoop.fr
info@habicoop.fr

El proyecto de Habicoop es acompañar la creación y el desarrollo de las cooperativas de habitantes. Crear un hábitat agrupado bajo la forma de cooperativa no es algo que pueda improvisarse fácilmente. Por ello, la asociación reúne una serie de socios y herramientas que facilitarán los enfoques de los portadores de proyectos cooperativos.

Red de Ecoaldeas Europeas

SIEBEN LINDEN 1
38489 BEETZENDORF (ALEMANIA)
www.gen-europe.org
info@gen-europe.org

La red de ecoaldeas europeas recoge y transmite informaciones sobre comunidades abiertas que, a través de toda Europa, alientan una manera de vivir ecológica y solidaria. Estas aldeas, dispuestas a defender valores de reparto, respeto y de restablecer el contacto con el sentido profundo de la vida, también son ensayos hacia soluciones de desarrollo sostenible.

Transition Network
43 FORE STREET, TOTNES
TQ9 5HN GRAN BRETAÑA
www.transitionnetwork.org

El movimiento Transition nació en 2006 en Gran Bretaña, bajo el impulso de Rob Hospkins. En la actualidad existen centenares de iniciativas de Transition en una veintena de países reunidos en la red de Transition (Transition Network). Estas iniciativas constituyen un nuevo enfoque evolutivo de la durabilidad a nivel de la comunidad. Son «microcosmos evolutivos de esperanza» y se esfuerzan en pro del paso «de la dependencia del petróleo a la resiliencia local». Al trabajar para reducir el consumo de energías fósiles, reconstruir una economía local vigorosa y recuperar una buena medida de resiliencia, están inventando el futuro.

3. Informarse de otro modo

Revista *Opcions*
CALLE CASPE, 43
08010 BARCELONA
Teléfono: 934 127 594
cric@pangea.org
www.opcions.org/es

La revista *Opcions* es un medio de comunicación sobre consumo crítico, responsable, consciente y transformador editada por el Centro de Investigación e Información en Consumo (CRIC). En cada número se analiza qué hay detrás de los productos que consumimos cada día y se plantean alternativas y propuestas de acción con la idea de repensar la sociedad de consumo y aspirar a un mundo mejor.

Periodismo Humano

CALLE AVE MARÍA, 23, 2º
33201 GIJÓN (ASTURIAS)
Teléfono: 984 298 151
contacto@periodismohumano.com
www.periodismohumano.

Periodismo Humano es un portal de noticias *online*, creado y dirigido desde hace cuatro años por el fotógrafo y premio Pulitzer Javier Bauluz. Nació para contar historias con enfoque de derechos humanos, entendiendo la información como un derecho y un servicio público.

Revista *Mongolia*

Teléfono: 629 186 345
revistamongolia@revistamongolia.com
www.revistamongolia.com

Mongolia es una revista satírica de actualidad nacida en 2012 en España en formato papel. Publica contenido humorístico y noticias inventadas inspiradas en sucesos reales, pero también reportajes rigurosos de investigación sobre temas políticos y sociales que los grandes medios silencian.

Etiqueta Negra
AV. LOS CONQUISTADORES 596, OF. 305
SAN ISIDRO-LIMA, PERÚ
Teléfono: 511 440-1404
buzon@etiquetanegra.com.pe
www.etiquetanegra.com.pe

La revista peruana *Etiqueta Negra* apareció en 2001, fundada por Julio Villanueva Chang, y desde entonces ha hecho de sus crónicas, reportajes gráficos, investigaciones, perfiles, ensayos y su independencia editorial todo un referente de las letras y la cultura en América Latina. Su modo diferente de contar las cosas de la mano de renombrados escritores, periodistas y artistas la han convertido en una revista de culto.

Kaizen Magazine
ÉDITION EKO LIBRIS
95, RUE DU FAUBOURG SAINT-ANTOINE
75001 PARÍS (FRANCIA)
www.kaizen-magazine.com

Kaizen es una revista llevada sobre todo por el Mouvement Colibris. Está destinada a dar a conocer a hombres, mujeres e iniciativas que construyen un siglo XXI diferente.

Troc de Presse
www.trocdepresse.com

Troc de Presse es un sitio participativo, totalmente gratuito, que permite dar, intercambiar y aprovechar las lecturas de nuestra red de proximidad (los vecinos), o descubrir publicaciones que no teníamos la costumbre de adquirir. Troc de Presse es ecológico, económico, simpático y creador de vínculos en el vecindario. El funcionamiento es muy sencillo: los vecinos intercambian las lecturas a través de los buzones de correo.

XXI
ROLLIN PUBLICATIONS
27, RUE JACOB
75006 PARÍS (FRANCIA)
TEL.: (33) 142174780
www.revue21.fr

XXI es una revista francesa de periodismo de relatos, creada en enero de 2008. Libre de toda publicidad, presenta reportajes en forma de textos, dibujos, fotos o cómics.

4. Educar

Las apuestas éticas que están en juego en la educación la convierten en una temática fundamental para la transformación de la sociedad. Parece urgente revisar nuestra visión de la educación y desarrollar el respeto debido al niño, a la vez que se le permitir adquirir valores esenciales para su desarrollo en la tierra y entre los seres vivos.

Proyecto Integral de Educación León Dormido
VALLE DE TUMBACO, QUITO, ECUADOR
https://www.facebook.com/ProyectoIntegralLeonDormido

La Fundación Pestalozzi y su proyecto Integral de Educación El León Dormido (PILD) son precursores de lo que se conoce como escuela libre y lleva el sello de Mauricio y Rebeca Wild. En este centro cercano a Quito se aplica una educación no directiva a niños y jóvenes de entre 3 y 18 años, y lo hacen en un entorno natural propicio, en el que se respetan la autonomía de los procesos de los niños y donde los padres acompañan in situ dichos procesos educativos sin delegar su responsabilidad por los hijos.

Escuela Libre Micael
CARRETERA DE LA CORUÑA, KM 21,3
28230 LAS ROZAS (MADRID)
Teléfono: 918 423 388
dirección@escuelamicael.com
www.escuelamicael.com

Cerca de 400 alumnos de 3 a 17 años estudian en la escuela Micael, la primera en España que implantó la metodología Waldorf como forma de educación integral que combina las actividades intelectuales, artísticas y prácticas en pro de formar al niño y al joven hacia la libertad. El centro forma parte también de la Red de Escuelas Asociadas de la Unesco por integrar en sus proyectos educativos aspectos como la educación para la paz, la interculturalidad y la solidaridad.

Red de Educación Alternativa, Reevo
www.reevo.org

Reevo es un proyecto de plataforma *online* que acoge a toda una comunidad global interesada en la educación alternativa y comprometida en la transformación educativa. La red ha ido mapeando, documentando y conectando a personas, experiencias, organizaciones y conocimientos vinculados a modelos educativos no convencionales existentes en el mundo hispanohablante. Sus impulsores han recogido muchas de esas experiencias y las han plasmado en un documental llamado *La educación prohibida* (www.educacionprohibida.com).

La Ferme des Enfants
HAMEAU DES BUIS
CHAULET-CASTELJAU
F07230 LABLACHÈRE (FRANCIA)
TEL.: (33) 475350997
www.la-ferme-des-enfants.com
ecole@la-ferme-des-enfants.com

Esta escuela de Hameau des Buis, basada en la educación en la autonomía y en la benevolencia, se inspira en la pedagogía Montessori.

L'École du Colibri aux Amanins
LES AMANINS
26400 LA ROCHE-SUR-GRÂNE (FRANCIA)
TEL.: (33) 475437505
www.lesamanins.com
info@lesamanins.com

Al igual que la anterior, esta escuela se inspira en la visión de Pierre Rabhi. En lugar de hacerse la pregunta: «¿Qué planeta vamos a dejar a nuestros hijos?», se pregunta: «¿Qué hijos dejaremos al planeta?». Además del curso escolar clásico, los niños descubren la jardinería, la cría de animales, las nuevas energías, el reciclaje, etc.

La Living School
6, RUE GEORGES-AURIC
75019 PARÍS (FRANCIA)
TEL.: (33) 142007224
www.livingschool.fr
info@livingschool.fr

Sita en París, esta escuela basa su programa educativo sobre el saber ser, la ecociudadanía y la coeducación.

Écoles du Monde
156, RUE DU CHÂTEAU
75014 PARÍS (FRANCIA)
TEL.: (33) 143221216
www.ecolesdumonde.com
bureau@ecolesdumonde.org

Un proyecto de estudio que «tiene por vocación levantar acta de los distintos sistemas educativos a través del mundo y de su implicación en el desarrollo del niño».

Enseñar mindfulness a los niños
www.mindfulschools.org
www.mindfulnessschools.org
www.academyformindfulteaching.fr

En la actualidad, en Estados Unidos, pero también en Europa, se crean cada vez más programas en las escuelas, para enseñar a los niños a focalizar su atención.

5. Consumir de otra manera/cambiar nuestra relación con el dinero

Millor que nou (Mejor que nuevo)
CALLE SEPÚLVEDA, 45-47
08015 BARCELONA
Teléfono: 934 242 871
www.millorquenou.cat/es
reparat@millorquenou.cat

Alargar la vida de tus objetos y generar menos residuos. Este es el objetivo de la campaña Millor que nou, 100% vell (Mejor que nuevo, 100 viejo), impulsada por el Área Metropolitana de Barcelona. Para hacerlo ofrece diferentes posibilidades, como toda una red de talleres de reparación, tiendas de segunda mano y mercados de intercambio, así como talleres y formación para que esos objetos los pueda reparar uno mismo con la asesoría de técnicos especializados en carpintería, informática, electrónica, etc.

Laudes Infantis
CARRERA 2, NÚMERO 12-14
BOGOTÁ-COLOMBIA
Teléfono: 571 283 1541
fundación@laudesinfantis.org
www.laudesinfantis.org

Laudes Infantis trabaja en cuatro zonas deprimidas de Bogotá en las que viven unas 3.200 familias. Allí se construyó una forma de vida comunitaria impulsada por

Jacqueline Moreno y regida por un sistema de trueque de amplio espectro, gracias al cual lograron crear comunidades con sentido de responsabilidad y con profundos lazos afectivos. Los trueques son gestionados por los bancos del trueque, espacios establecidos de negociación y gobernabilidad comunitaria, donde se sistematizan para poder llevar un control.

Som Energia (Somos energía)

PARQUE CIENTÍFICO Y TECNOLÓGICO DE LA UGG.
EDIFICIO GIROEMPRÈN
CALLE PIC DE PEGUERA, 11 (ALA A, DESPACHO A.2.08)
17003 GIRONA
info@somenergia.coop
www.somenergia.coop/es/

Hace cuatro años un grupo de personas de Girona decidieron crear Som Energia, la primera cooperativa de consumo de energía verde sin ánimo de lucro de España, y comercializar y producir energía de origen renovable. Hoy ya son 20.000 las personas y socios que disfrutan de sus servicios y forman parte de un movimiento social de transformación que quiere romper con el modelo energético imperante.

Coordinadora Estatal de Comercio Justo

CALLE GAZTAMBIDE, 50, BAJO
28015 MADRID
Teléfono: 912 993 860
coordinadora@comerciojusto.org
www.comerciojusto.org

El Comercio Justo constituye un movimiento internacional formado por organizaciones del Sur y del Norte. En España, la Coordinadora Estatal de Comercio Justo (CECJ) agrupa a las 31 organizaciones de Comercio Justo existentes dedicadas a potenciar este sistema comercial alternativo y solidario. Tienen como finalidad mejorar el acceso al mercado de los productores del Sur en condiciones laborales y salarios dignos, así como también cambiar las injustas reglas del comercio internacional.

Éthique sur l'Étiquette

4, BOULEVARD DE LA VILLETTE
75019 PARÍS (FRANCIA)
TEL.: (33) 142038225
www.etique-sur-etiquette.org
info@etique-sur-etiquette.org

Creado en 1995, el colectivo Éthique sur l'Étiquette reagrupa asociaciones de solidaridad internacional, sindicatos, movimientos de consumidores y asociaciones de educación popular. Actúa en favor del respeto de los derechos humanos en el trabajo en el mundo y del reconocimiento del derecho a la información de los consumidores sobre la calidad social de sus compras.

achACT-Actions Consommateurs Travailleurs
PLACE DE L'UNIVERSITÉ, 16
1348 LOVAINA LA NUEVA (BÉLGICA)
TEL.: (32) 10457527
www.achact.be
achacteurs@achact.be

Actions Consommateurs Travailleurs quiere contribuir a mejorar las condiciones de trabajo en sectores en que las mujeres constituyen la mayoría de la mano de obra y a promover un cambio en nuestros comportamientos de consumo. Consumidores y trabajadores pueden llevar a cabo acciones que se refuercen mutuamente, y obligar a empresas y poderes públicos a respetar y hacer respetar los derechos de los trabajadores en una economía mundializada.

donnons.org
33, ROUTE DE MULHOUSE
68720 TAGOLSHEIM (FRANCIA)
TEL.: (33) 825595495
www.donnons.org
contact@donnons.org

donnons.org es una iniciativa de desarrollo sostenible y de reducción de desechos a través del reciclaje, así como una alternativa a la pérdida de poder adquisitivo. Es un sitio en línea de donaciones y recuperación de objetos. El sitio funciona para Francia, Suiza, Bélgica y Canadá.

Les Petits Riens
RUE AMÉRICAINE 101
1050 BRUSELAS (BÉLGICA)
TEL.: (32) 25373026
www.petitsriens.be
info@petitsriens.be

Les Petits Riens se ha convertido en una verdadera empresa de economía social. Todos los objetos que se recogen son bien redistribuidos o revendidos. Los beneficios obtenidos permiten financiar sus acciones sociales y así luchar contra la exclusión y la pobreza.

Emmaüs (Emaús en España)

Desde 1949, el movimiento Emmaüs, hoy presente en 36 países y con 306 grupos en el mundo, no ha dejado de luchar contra la pobreza y la exclusión. El movimiento encuentra su motivación en las sencillas palabras del abate Pierre: «No puedo ayudarte. No puedo darte nada. Pero tú, tú puedes ayudarme a ayudar a los demás».

Les Marchés Gratuits
www.greenetvert.fr/2012/06/01/les-marches-gratuits

Imagina un mercado en que la ropa, los muebles, las herramientas y las joyas fuesen de libre uso. La idea nació en Buenos Aires, de la mente de un joven argentino que rechazaba el exceso de consumo y deseaba que los demás aprovechasen lo que para él se había convertido en superfluo. Desde 2010, este concepto ha ido atravesando las fronteras y funcionando en diversos países. Roguemos para que se estructure en un futuro.

Troc Alimentaire
www.trocalimentaire.com

Portal de internet que permite encontrar lo que se busca entre una larga colección de anuncios breves: trueque de frutas, de pescado, de semillas y plantas, etc.

Le Changement par la consommation
Le Changement par la consommation en Facebook

¿Cómo creer en un consumo ilimitado en un mundo con recursos naturales limitados? Esta página no es moralista, sino que pretende difundir soluciones, apoyándose en la observación y los replanteamientos.

6. Apuntarse como voluntario en una asociación, una ONG

Plataforma de Voluntariado de España
CALLE TRIBULETE, 18
28012 MADRID
Teléfono: 915 411 466
info@plataformavoluntariado.org
www.plataformavoluntariado.org

Si te planteas hacer voluntariado, un buen lugar para empezar a vincularse, asesorarse y conseguir información es la Plataforma de Voluntariado de España, una entidad desde donde se coordina, difunde y sistematiza la acción voluntaria estatal. La integran organizaciones grandes como Cruz Roja, Cáritas, la Comisión de Ayuda al Refugiado y la Asociación Española contra el Cáncer, entre otras, pero también 2.000 asociaciones más de distinto carácter en las que colaboran alrededor un millón de voluntarios.

Plataforma de Afectados por la Hipoteca (España)

pah@afectadosporlahipoteca.com
http://afectadosporlahipoteca.com

Desde que estalló la crisis económica en España, los desahucios de viviendas a familias que no podían pagar sus hipotecas no han cesado. Solo en el primer semestre de 2014, 26.500 familias perdieron su casa. La Plataforma de Afectados por la Hipoteca consiguió visibilizar esta dramática situación y logró que no se ejecutasen muchos desahucios. Esta organización reclama un sistema hipotecario más justo y no deja de asesorar a las personas afectadas para defender el derecho a la vivienda y evitar los abusos de poder de las entidades bancarias.

Federación Española de Bancos de Alimentos

CTRA. COLMENAR VIEJO, KM 12,8 (CIUDAD ESCOLAR)
28049 MADRID
Teléfono: 917 356 390
fesbal@fesbal.org
www.bancodealimentos.es

Los voluntarios son la base y la gran fuerza de los 50 bancos de alimentos de España agrupados en la

Federación Española de Bancos de Alimentos. Estas entidades se dedican a recuperar los excedentes de comida que se va a desperdiciar para redistribuirlos entre personas necesitadas a través de entidades benéficas.

Espace bénévolat

130, RUE DES POISSONNIERS, 75018 PARÍS (FRANCIA)
TEL.: (33) 142649734
www.espacebenevolat.org

En Francia se calcula que hay unos diez millones de voluntarios y más de 800.000 asociaciones que actúan en los campos de la asistencia a los sintechos, el acompañamiento escolar, la alfabetización, las visitas a personas ancianas, la distribución de comidas, la escucha, etc. Espace Bénévolat tiene por objetivo favorecer las relaciones entre los candidatos al voluntariado y las asociaciones que buscan a personas competentes.

Plataforme (Belge) Francophone du Volontariat

PLACE L'ILON 13, 5000 NAMUR (BÉLGICA)
TEL.: (32) 81313550
www.levolontariat.be
info@levolontariat.be

Asociación sin ánimo de lucro que tiene como objetivo social la defensa de los intereses de los voluntarios en la Bélgica francófona.

7. Proteger/salvaguardar el entorno

Red por la Justicia Ambiental en Colombia (RJAC)
redjusticiaambientalcolombia@gmail.com
www.justiciaambientalcolombia.org

La Red por la Justicia Ambiental (RJAC) promueve la protección del medio ambiente con perspectiva de derechos humanos en Colombia, el segundo país con más conflictos ecológicos del mundo provocados por extracciones mineras principalmente. Como movimiento social agrupa a unas 300 personas y también a organizaciones que comparten conocimientos y articulan estrategias para enfrentar esos conflictos, defendiendo a su vez los derechos de las comunidades indígenas y afrodescendientes afectadas.

Red de Guardianes de Semillas de Ecuador
CASILLA, 17-26-129
TUMBACO-ECUADOR
Teléfono: 099 774 2500
info@redsemillas.org
www.redsemillas.org

En América Latina existen infinidad de organizaciones que luchan por preservar sus semillas nativas y criollas, hoy fuertemente amenazadas por los transgénicos y la privatización. La Red de Guardianes de Semillas de Ecuador es una de ellas. Aquí confluyen personas que trabajan en favor de las semillas naturales, la agroecología y la construcción de modelos sostenibles de vida, y que aspiran a la autosuficiencia comercializando sus propios productos.

Ecologistas en Acción
MARQUÉS DE LEGANÉS, 12
28004 MADRID
Teléfono: 915 312 739
www.ecologistasenaccion.es

La militancia y el activismo en el ecologismo social tienen en Ecologistas en Acción a uno de sus principales pilares de lucha. Su amplia implantación territorial –más de 300 grupos repartidos por toda España– le permite tener gran incidencia en las campañas de sensibilización y denuncia contra aquellas actuaciones que dañan el medio ambiente. Editan, además, la reconocida revista *El Ecologista*.

Amigos de la Tierra España
CALLE JACOMETREZO, 15, 5ºj
28013 MADRID
Teléfono: 913 069 900
tierra@tierra.org
www.tierra.org

De carácter internacionalista y con grupos locales por España y América Latina, la asociación ecologista Amigos de la Tierra alerta de forma activista y reivindicativa sobre la problemática ambiental para poder incidir así en lograr una sociedad que respete el medio ambiente. Sus campañas y proyectos proponen a través de la educación cambios individuales y colectivos para reducir los impactos negativos sobre el planeta con una actitud de pensar globalmente y actuar localmente.

Let's do it France
www.letsdoitfrance.org

Les Mains Vertes-Let's do it France existe desde 2008. Desde hace poco es la rama francesa de una ONG internacional llamada Let's do it y forma parte de una red presente en un centenar de países. Aspira a ser «un catalizador, un concentrador de buenas voluntades para llevar a cabo iniciativas locales y nacionales de sensibilización y limpieza de residuos».

Agence de l'Environnement et de la Maîtrise de l'Énergie
20, AVENUE DU GRÉSILLÉ BP 90406
49004 ANGERS CEDEX 01 (FRANCIA)
TEL.: (33) 241204120
www.ecocitoyens.ademe.fr

Para ayudarnos a que nuestra cotidianidad sea más ecológica, la Agence de l'Environment et de la Maîtrise de l'Energie ofrece numerosas explicaciones y consejos en línea. También están disponibles una serie de guías prácticas.

8. Trabajar de otra manera

Red de Redes de Economía Alternativa y Solidaria (REAS)
CALLE LAS PROVINCIAS, 6
31014 PAMPLONA
Teléfono: 948 136 462
www.economiasolidaria.org

La red de economía solidaria es un punto de encuentro que recoge decenas de experiencias de economía social y solidaria fundamentadas en el cooperativismo y la autogestión. Aquí encontraremos muchos ejemplos de buenas prácticas y proyectos sostenibles en diferentes ámbitos como la inserción laboral, las finanzas éticas, el mercado social, el consumo responsable y el comercio justo.

Corporación Con-Vivamos
CALLE 95A 39-24
MEDELLÍN, COLOMBIA
Teléfono: 236 53 98
convivamos@convivamos.org
www.convivamos.org

Con-Vivamos es una organización comunitaria de carácter popular que trabaja en la zona nororiental de Medellín con el propósito de lograr el desarrollo local de la zona y el fortalecimiento de sus organizaciones y redes populares. Lo hace a través de procesos que articulan un proyecto político democrático en el que la cultura solidaria, la educación y la comunicación popular, el acompañamiento psicosocial, los derechos humanos, la perspectiva de género y la acción participativa desempeñan un papel clave para poder incidir en unas mejores actuaciones públicas en sus barrios.

Coordinadora Nacional de Economía Solidaria (CNES)-Uruguay

coordinadoraecosoluruguay@gmail.com
www.economiasolidaria.org.uy

El movimiento de economía solidaria uruguayo cuenta con numerosos colectivos y organizaciones que confluyen en la Coordinadora Nacional de Economía Solidaria (CNES). Desde aquí se trata de promover el comercio local, favorecer experiencias de autogestión y emprendimiento colectivos y asociativos, generar redes de consumo responsable, apoyar ferias y otras actividades de comercialización comunitarias y organizar acciones educativas sobre el comercio justo, la agroecología, el consumo responsable y las finanzas éticas.

Grupo de Teatro Catalinas Sur

AVDA. BENITO PÉREZ GALDOS, 93
LA BOCA, BUENOS AIRES (ARGENTINA)
Teléfono: 54 011 4307-1097
contacto@catalinasur.com.ar
www.catalinasur.com.ar

La relación entre educación y cultura al servicio del desarrollo y el empoderamiento comunitario tiene en América Latina un caldo de cultivo espectacular. El Grupo de Teatro Catalinas Sur, nacido en 1983 de la voluntad colectiva de los vecinos del barrio bonaerense de Catalinas, es una de esas experiencias en las que el poder de transformación social del arte desde la inclusión y la integración es muy visible. Se trata de una apuesta por la cultura comunitaria abierta a la participación de todos y que considera que el arte es un derecho, lo mismo que recuperar el espacio público como escenario.

Coop de France
43, RUE SEDAINE, 75011 PARÍS (FRANCIA)
TEL.: (33) 144175700
www.coopdefrance.coop

Coop de France es, desde 1966, la organización profesional unitaria de la cooperación agrícola, portavoz política de las empresas cooperativas ante las autoridades francesas y europeas, los medios y la sociedad civil.

Responsabilité Sociale des Entreprises
www.orse.org

Nacida en los años 1960 bajo el impulso de las asociaciones ecológicas y humanitarias, el concepto de RSE tiene por objeto mostrar la relación que une preocupaciones sociales, medioambientales y económicas en la vida de las empresas, las instituciones y las asociaciones.

Économie Solidaire
www.le-mes.org

El movimiento por una economía solidaria defiende una reforma de la economía al servicio de un proyecto de sociedad basado en los valores de la solidaridad, el reparto y la reciprocidad.

9. Iniciarse a la meditación de la atención plena (mindfulness)

Sociedad Mindfulness y Salud
CALLE HUMBOLDT 1924 3°
PALERMO, C1414CVT, BUENOS AIRES
Teléfono: 54 11 4773 2634
info@mindfulness-salud.org
http://www.mindfulness-salud.org/

Desde que el mindfulness llegó a Argentina hace más de 10 años, su número de seguidores no ha dejado de crecer. La Sociedad Mindfulness y Salud es allí el lugar de referencia en esta materia, un espacio en el que se promueve su investigación, integración y desarrollo en la vida de las personas desde ámbitos como la medicina o la psicoterapia. El centro ofrece programas de entrenamiento, cursos de reducción y manejo del estrés basados en el mindfulnees y sesiones informativas introductorias gratuitas.

Red Mindfulness
www.redmindfulness.org

La Red Mindfulness es un espacio virtual que reúne entorno al mindfulness a una gran comunidad de habla hispana interesada. Aquí se pueden encontrar infinidad de recursos, foros, lugares de práctica de meditación, agenda de eventos, talleres o blogs de expertos.

Asociación Española de Mindfulness (AEMIND)
CALLE LA SAFOR, 12, 1º 2ª
46015 VALENCIA
info@aemind.es
www.aemind.es

La Asociación Española de Mindfulness reivindica el valor de la atención plena y poder integrarla en la práctica clínica y educativa como un elemento que puede ayudar a mejorar la vida del individuo. Para hacerlo, realizan actividades formativas a profesionales de la salud y la educación, organizan grupos de meditación y retiro y hacen divulgaciones de la materia.

Koncha Pinós-Pey
Estudios Contemplativos
BARCELONA
Teléfono: 34 674 091 258
info@estudioscontemplativos.com
www.estudioscontemplativos.com

Poseedora de varios másteres, miembro del Compassion Cultivation Trainning (CCT) del Centro de la Compasión y la Investigación en el Altruismo en la Educación de la Universidad de Stanford en California, responsable del Programa de Nalanda en Español de Psicoterapia Contemplativa y profesora universitaria, Koncha Pinós-Pey es una de las voces más autorizadas en neurociencias, inteligencias múltiples y mindfulness. Es también cofundadora y directora de Estudios Contemplativos, una organización creada para transformar el sufrimiento, de carácter laico y científico, y basada en la neurociencia de la compasión y el altruismo, el mindfulness (MBCT) y las inteligencias múltiples. Cuenta con programas presenciales y a distancia de nivel universitario, programas de investigación y grupos de apoyo.

Kavindu (Alejandro Velasco)
Yoga Espacio
CIUDAD DE MÉXICO
Teléfonos: 53361524 (Coyoacán); 55599950 (Del Valle) y 53637101 (Lomas Verdes)
informes@yogaespacio.com
www.yogaespacio.com

Kavindu (Alejandro Velasco), uno de los maestros de meditación y yoga más prestigiosos de México, es autor del libro *Mindfulness, la meditación de conciencia plena*, en el que realiza una aproximación contemporánea y práctica al mindfulness. En 2005 creó junto a su actual mujer, la maestra de yoga Jnanadakini, las escuelas Yoga Espacio en la Ciudad de México, desde donde dirige e imparte cursos de los programas «Meditación para la vida» y «Budismo para la vida», que él mismo desarrolló tras pasar varios años en una orden budista y renunciar. Kavindu considera que el budismo y la meditación necesitan un lenguaje contemporáneo acorde a cada contexto social y cultural.

Fernando A. de Torrijos
Rebap Internacional
22 MIDGLEY LANE, WORCERSTER, MASSACHUSETTS 01604 ESTADOS UNIDOS
Teléfono: 1-774-2395194
atencionplena@aol.com
www.rebapinternacional.com

Fernando A. de Torrijos es colega y amigo del doctor Jon Kabat-Zinn. En 1994 se unió al equipo del Center for Mindfulness del Centro Médico de la Universidad de Massachusetts, donde fue director de la clínica para personas con bajos recursos e instructor de MBSR/REBAP. Desde 2008 ejerce como director de Ciencia y Aplicaciones Clínicas de la Meditación en el Departamento de Psiquiatría de la Escuela de Medicina de la Universidad de Massachusetts. Es coordinador internacional para la expansión de los programas de reducción de estrés basado en la atención plena-REBAP (mindfulness) en español.

Association pour le Développement de la Mindfulness (ADM)
136, RUE DE CRIMÉE
75019 PARÍS (FRANCIA)
www.association-mindfulness.org

Esta asociación, nacida en 2009, tiene por objeto fomentar y difundir entre el gran público las acciones relativas al uso del mindfulness plena como herramienta de mayor bienestar, desligada de todo contexto religioso.

Émergences
www.emergences.org

La asociación Émergences organiza cursos de meditación de mindfulness en Bélgica y también es un centro de recursos.

ANNEXO 2
LA ASOCIACIÓN ÉMERGENCES

El conjunto de los derechos de autor de esta obra será destinado a proyectos sostenidos por la asociación Émergences. Esta asociación se crea a raíz la organización de un acontecimiento anual en Bruselas, que responde a tres objetivos: conseguir el diálogo entre sabios de nuestro tiempo (filósofos, psicólogos, científicos, etc.) acerca de temas elegidos, compartir nociones que nos apasionan con el mayor número de personas y ser actores de cambio al compartir buenas ideas con padres, enseñantes y practicantes de la relación de ayuda, y ciudadanos del mundo, y, por otra parte, al consagrar todos los beneficios de las actividades a proyectos de mejora de las condiciones de vida (acceso a cuidados médicos y a la educación) de poblaciones desprovistas tanto en Bélgica como en el extranjero. Desde hace algunos años, Émergences organiza otras actividades, especialmente ciclos de meditación de atención plena o mindfulness.

Lista de acontecimientos anuales organizados por Émergences

2009

Jornada interdisciplinar sobre la atención plena.
Con Pierre Philippot, Thierry Janssen, Matthieu Ricard y Christophe André.

2010

Jornada interdisciplinar sobre la psicología positiva.
Con Christophe André, Isabelle Filliozat, Thomas d'Ansembourg, Jacques Lecomte y Matthieu Ricard.

Jornada interdisciplinar sobre la atención plena.
Con Guido Bondolfi, Thierry Janssen, Matthieu Ricard y Christophe André.

2011

Jornada interdisciplinar «Cuidarse de uno mismo, cuidar de los demás».
Con Tania Singer, Rosette Poletti, Lytta Basset, Frans de Waal, Matthieu Ricard y Christophe André.

2012

Acontecimiento interdisciplinar «Cambiarse, cambiar el mundo».
Con Jon Kabat-Zinn, Matthieu Ricard, Christophe André, Pierre Rabhi y Edel Maex.

2013

Acontecimiento interdisciplinar «Felicidad y adversidad: la alegría puesta a prueba por la vida».

Con Matthieu Ricard, Christophe André, Anne-Dauphine Julliand, Magda Hollander-Lafon, Michel Lacroix, Patrice Gourrier, Edel Maex y Thierry Janssen.

Proyectos sostenidos por Émergences

La asociación Émergences sostiene de manera recurrente los proyectos de tres asociaciones:

KARUNA-SHECHEN

www.karuna-shechen.org

Esta asociación, sin fines lucrativos, creada por Matthieu Ricard en 2000, trabaja con una red de socios y voluntarios locales para proveer servicios educativos, asistencia sanitaria y servicios sociales a poblaciones desfavorecidas en la India, Nepal y el Tíbet. Basada en el ideal de la compasión (el sentido de la palabra sánscrita *karuna*) en acción, sobre la convicción de que el acceso a la educación y a los cuidados asistenciales no debería negarse a nadie, Karuna-Shechen desarrolla programas en respuesta a las necesidades y aspiraciones concretas de las comunidades, respetando sus patrimonios culturales. La asociación presta una atención especial a la educación y autonomía de mujeres y niñas. Desde su creación, Karuna-Shechen ha iniciado más de 110 proyectos humanitarios en la India, Nepal y el Tíbet. Quince años de experiencia han permitido establecer una red de colaboradores locales serios reclutados y formados, así como de voluntarios extranjeros cualificados.

Birat Lama, un alumno de la escuela de bambú de Pokhara, en el Nepal, cuenta su historia:

> Nací en Pokhara, en el Nepal. En mi familia somos cinco y somos muy pobres. Mi padre resultó herido de gravedad en un accidente de trabajo y ahora está incapacitado. Continuó trabajando tras el accidente, pero el dinero que ganaba no bastaba para pagar nuestra escolarización. Nuestra familia pasó un período muy difícil. Alguien me preguntó un día cuáles eran mis sueños. No dije nada: la pobreza me ha arrebatado los sueños. Un día, nos enteramos de que en nuestra aldea se estaba construyendo una nueva escuela, con unos gastos escolares accesibles para mi familia. Fue una noticia extraordinaria. Mis hermanos, hermanas y yo nos matriculamos en la escuela y todo cambió para mí. Ahora vuelvo a soñar. Me gustaría ser un reformador social para mejorar el sector de la educación.

EL SAMUSOCIAL DE BRUSELAS
www.samusocial.be
El Samusocial es un dispositivo de urgencia social que ofrece una ayuda a personas sin techo en Bruse-

las. Además de alojamiento de urgencia, el dispositivo incluye equipos móviles de asistencia que se desplazan al encuentro de quienes no están en situación de pedir ayuda. El Samusocial atiende las urgencias sociales de la misma forma que el SAMU [Sistema de Atención Médica Móvil de Urgencia] se ocupa de las urgencias médicas. Se trata de albergar y socorrer a los sintechos, pero también de acudir en ayuda de las personas que necesiten cuidados mediante equipos móviles, de asistir gracias a médicos y enfermeras, de localizar e identificar la demanda de los más frágiles y de establecer un acompañamiento psicosocial para quienes lo necesiten, a fin de orientarlos hacia soluciones para poder dejar la calle. Todos los servicios del Samusocial son gratuitos e incondicionales.

En 2012, 7.309 personas se beneficiaron de más de 127.379 alojamientos y de 254.500 comidas ofrecidas, 7.017 visitas coordinadas por los equipos móviles, 1.051 orientaciones duraderas aseguradas por el servicio psicosocial.

> Philomène, madre de cuatro hijos, fue víctima de maltrato conyugal extremo por parte de su marido. La policía tuvo que intervenir y, por razones de seguridad, orientó a la familia hacia el centro de acogida de urgencia del Samusocial. Los asistentes sociales buscaron un abogado para Philomène para iniciar

Los equipos móviles del Samusocial tienen por misión ayudar a la persona a reconstruirse y a recuperar los puentes que le unen al mundo.

las medidas provisionales de separación y custodia de los hijos. También se abrió un procedimiento de ayuda social de urgencia en el CPAS (centro público de ayuda social) de Bruselas. Finalmente, se encontró una guardería para la hija más pequeña, y un colegio para los otros tres, a fin de evitar toda relación de la familia con el cónyuge violento. Tras un mes en el Samusocial, Philomène pudo trasladarse a un piso puesto a su disposición por la dirección del CPAS. En la actualidad, trabaja como asistenta en un hospital público. Para ella y para sus hijos empieza una nueva vida…

LES ENFANTS DE LA RUE DU BRASIL

Presente desde hace veinte años a través de proyectos en el nordeste brasileño, la asociación Les Enfants de la Rue du Brasil tiene como ambición devolver la esperanza a algunos de los niños y adolescentes de las favelas de Recife y Olinda. Evitar que no se conviertan en niños de la calle, evitar el funesto encuentro con el *crack* o que no caigan bajo las balas de los escuadrones de la muerte, y sobre todo darles la posibilidad de reintegrarse a la sociedad civil a fin de que sean ciudadanos militantes y críticos para que Brasil vuelva a convertirse en lo que nunca dejó de ser, una increíble tierra de esperanza para todos. Esta apuesta insensata es posible gracias a agentes sociales brasileños de calidad que permiten a estos niños desarrollar una consciencia social en el marco de pequeñas comunidades donde disponen de la posibilidad de recuperar su dignidad y convertirse en ciudadanos responsables.

> Diego tiene nueve años, pero le está prohibido ir al colegio: hirió a su profesora en el brazo con unas tijeras. Esta simplemente le había tocado, pero para este niño, que nunca había recibido ninguna muestra de afecto, todo contacto era asumido como una agresión. Ahora Diego acepta las muestras de afecto y se muestra cariñoso. Queda convencer a la profesora para que vuelva a admitirlo...

EL FONDO DE DOTACIÓN PIERRE RABHI

Creado en abril de 2013, el Fondo de Dotación Pierre Rabhi tiene por objeto propagar las ideas desarrolladas por Pierre Rabhi, en particular ayudando al desarrollo de prácticas agroecológicas, a la formación en técnicas que permitan la autonomía, la salubridad y la seguridad alimentarias, pero también apoyando la creación de los Oasis en Tous Lieux para facilitar la aparición de centros de vida ecológicos, pedagógicos, solidarios e intergeneracionales, inscribiéndose así en un enfoque de cambio de paradigma global que vuelva a colocar al ser humano y a la naturaleza en el centro de nuestras preocupaciones. Son varios los proyectos iniciados por Pierre Rabhi que están desarrollándose: la red de Femmes Semencières [Mujeres Sembradoras], los Agroecologistas sin Fronteras y un centro de formación en agroecología en Marruecos.

LOS AUTORES

CHRISTOPHE ANDRÉ

«Christophe André es un médico humanista, un psiquiatra que ama a sus pacientes, lo cual no es muy frecuente. Intenta beneficiarles en lugar de brillar o confirmar tal o cual punto de su doctrina.» ANDRÉ COMTE-SPONVILLE

Tolosino aclimatado a París, Christophe André está casado y es padre de tres hijas. Ejerce como médico psiquiatra y psicoterapeuta en el Hospital de Sainte-Anne, donde dirige una unidad especializada en el tratamiento de los trastornos ansiosos y fóbicos. Organiza grupos de meditación de mindfulness en el marco de la prevención de las recaídas depresivas. También enseña en la Universidad París-X. Ha escrito numerosos artículos y obras científicas, así como libros dirigidos al gran público.

Pequeña bibliografía

- *Los estados de ánimo: el aprendizaje de la serenidad*, Kairós, 2010.

  Un libro generoso, uno de los más personales de Christophe André, en el que comparte sus interrogantes y sus ideas para vivir mejor con nuestros estados de ánimo. Acompañado por la sabiduría de los poetas y de numerosos estudios científicos explicados de manera accesible.

- *Prácticas de autoestima*, Barcelona: Editorial Kairós, 2007.

  Christophe André mezcla aquí anécdotas, estudios de casos y reflexiones para ayudarnos a aceptarnos y querernos, liberados de la mirada ajena.

- *Meditar día a día: 25 lecciones para vivir con mindfulness*, Kairós, 2013.

  Un regalo para la vista, el alma y el corazón. En 25 cuadros, Christophe ilustra de manera poética, sencilla y práctica su comprensión y experiencia de la meditación mindfulness: respirar, habitar el cuerpo, aceptarse, amar...

JON KABAT-ZINN

«Jon Kabat-Zinn resplandece como un guía lleno de sabiduría, humildad y simplicidad feliz que nos conduce a conocer todo lo mejor que existe en nosotros.» **DANIEL GOLEMAN**

Mundialmente conocido por sus trabajos científicos y sus libros, Jon Kabat-Zinn es un visionario y un pionero. Doctor en Biología Molecular y profesor emérito de Medicina en la Universidad de Massachusetts, ha fundado la clínica de reducción del estrés y el centro para la mindfulness en medicina, donde ha desarrollado el MBSR. Desde hace 30 años, su compromiso ha permitido difundir la meditación mindfulness a través del mundo, tanto en el campo médico como en las empresas, los colegios o las cárceles.

Pequeña bibliografía

- *Mindfulness en la vida cotidiana: Donde quiera que vayas, ahí estás*, Ediciones Paidós, 2009.

  Un libro práctico y profundo en el que Jon Kabat-Zinn propone iniciar el camino de la consciencia plena a través de pequeñas meditaciones, testimonios y ejercicios aplicables a la cotidianidad.

- *Au coeur de la tourmente, la pleine conscience,* prefacio de Christophe André, De Boeck, 2009.

  Esta obra pionera expone el MBSR, ese programa en ocho semanas de reducción del estrés basado en el mindfulness. Muy documentado, explica de manera concreta cómo utilizar este método científicamente válido para mejorar nuestra cotidianidad.

- *Padres conscientes, hijos felices,* Madrid, Editorial Faro, 2012.

  Con sabiduría humildad y pragmatismo, Jon Kabat-Zinn y su esposa Myla se apoyan en su experiencia como padres para guiarnos en la aplicación del mindfulness en la vida familiar y la educación. Una hermosa invitación a la paternidad con mindfulness.

PIERRE RABHI

«Con sus propias manos, Pierre Rabhi ha transmitido la Vida a la arena del desierto... Este hombre tan sencillamente santo, de mente limpia y clara, cuya belleza poética en el lenguaje revela una ardiente pasión, ha fecundado tierras polvorientas con su sudor, mediante un trabajo que restablece la cadena de la vida que interrumpimos continuamente.» YEHUDI MENUHIN

Agricultor, escritor y pensador francés de origen argelino, Pierre Rabhi se siente indignado, desde pequeño, con el estado del mundo. Esta indignación constructiva, convertida en energía, le ha empujado a demostrar que eran posibles otros comportamientos y elecciones.

Pionero de la agricultura biológica, defiende un tipo de sociedad más respetuosa con los seres humanos y con la Tierra, y apoya el desarrollo de prácticas agrícolas accesibles para todos, y en especial para los más desprotegidos, preservando al mismo tiempo los patrimonios alimentarios. Experto reconocido en materia de seguridad alimentaria, ha participado en la convención de Naciones Unidas para la lucha contra la desertización

Pequeña bibliografía

- *Hacia la sobriedad feliz,* Errata Naturae Editores, 2013.

  En este libro testimonial, Pierre Rabhi comparte su experiencia vital y, al hacerlo, nos incita a reflexionar sobre nuestras necesidades en esta sociedad de consumo y explotación. Un libro que anima a pasar a la acción.

- *Manifeste pour la Terre et l'humanisme: pour une insurrection des consciences,* prefacio de Nicolas Hulot. Actes Sud, 2008; Poche/Babel, 2011

  Este manifiesto sintetiza 45 años de reflexión y compromiso al servicio de una humanidad consciente y reconciliada con la naturaleza. Pierre Rabhi llama a una insurrección de las consciencias a fin de transformar el mundo.

- *Pierre Rabhi - el canto de la tierra,* José Olañeta Editor, 2009

  Esta obra de los periodistas Jean-Pierre y Rachel Cartier, recientemente actualizada por Anne-Sophie Novel, es ideal como introducción a Pierre Rabhi. Los autores describen y ponen en perspectiva la vida y el pensamiento de este hombre de recorrido asombroso, dejando mucho espacio a sus reflexiones.

- *Pierre Rabhi, les clés du paradigme,* documental de Juan Massenya, 2013

  Magnífico documental sobre Pierre Rabhi. En él, recuerda su infancia, repasa su decisión de abandonar el mundo industrial por el universo rural de Ardèche y explica el nuevo paradigma que concibe una sociedad más generosa para el ser humano y la Tierra.

MATTHIEU RICARD

«De la unión inextricable de la vida espiritual de Matthieu Ricard y su máquina de fotos surgen esas imágenes fugitivas y eternas.» HENRI CARTIER-BRESSON

En 1967, con motivo de un primer viaje a la India, Matthieu Ricard conoció a inspiradores maestros espirituales, como Kangyur Rimponché. Tras finalizar su tesis en Genética Celular en el Instituto Pasteur, bajo la dirección del premio noble François Jacob, decidió establecerse en el Himalaya. Estudió budismo y fotografió la vida en los monasterios, así como el arte y los paisajes del Tíbet, Bután y Nepal. Ordenado monje en 1978, es, desde 1989, el intérprete francés del Dalái Lama. Participa en las investigaciones del Instituto Mind & Life (véase página 89) y ha fundado la asociación humanitaria Karuna-Shechen (véase página 233). Vive en el monasterio de Shechen, en Nepal.

Pequeña bibliografía

- *En defensa de la felicidad,* Urano, 2011

  En esta obra muy accesible, situada en el cruce entre la psicología científica occidental y la filosofía budista, Matthieu Ricard define lo que es la felicidad y nos anima a invitarla en nuestras vidas.

- *El arte de la meditación,* Urano, 2009

  Un compañero de ruta para pasar de la teoría a la práctica en materia de formación de la mente. Matthieu Ricard desarrolla el carácter universal de la meditación y los beneficios que esta práctica, varias veces milenaria, puede aportarnos a cada uno de nosotros.

- *El monje y el filósofo,* Urano, 1998

  Un apasionante debate entre Matthieu Ricard y su padre, el filósofo Jean-François Revel, en el que cotejan sus creencias y su visión de la vida, abordando, en muchos temas, la diferencia entre la filosofía oriental y la occidental.

CAROLINE LESIRE E ILIOS KOTSOU

Sus caminos se cruzaron en la calle una mañana de julio. De este encuentro y de sus pasiones compartidas nació la asociación Émergences.

Comprometida desde hace varios años con el movimiento asociativo, Caroline Lesire está diplomada en Ciencias Políticas y en Ayuda Humanitaria Internacional. Coordina proyectos de acceso a cuidados sanitarios en varios países del África francófona. Preside la asociación Émergences y supervisa el conjunto de las actividades.

Apasionado por el ser humano y por la riqueza que proporcionan a nuestras vidas las emociones, Ilios Kotsou ha trabajado mucho tiempo como formador en temas de gestión. Investigador durante cuatro años en la Facultad de Psicología de UCL, formado según el enfoque de Palo Alto en mindfulness (MBSR y MBCT), es autor de varias obras sobre las emociones y la psicología positiva.

Pequeña bibliografía

- *Psychologie positive, le bonheur dans tous ses états*, con Christophe André, Thomas d'Ansembourg, Isabelle Filliozat, Éric Lambin, Jacques Lecomte y Matthieu Ricard, Jouvence, 2011

Este libro colectivo, coordinado por Caroline Lesire e Ilios Kotsou, presenta un cambio de horizonte de los conocimientos actuales en materia de felicidad y los orígenes de la psicología positiva que nos conduzca a aspectos más espirituales. En un estilo simple y directo, cada capítulo ofrece ejercicios prácticos y propuestas concretas.

- *Petit cahier d'exercices d'intelligence émotionnelle*, con Jean Augagneur, Jouvence, 2012

  En este cuaderno de intención práctica hay ejercicios, cuestionarios y otros test que hacen que nos interroguemos sobre nuestra manera de aceptar y gestionar las emociones. Un libro útil para ayudarnos a vivir mejor con nuestras emociones y las de los demás.

- *Petit cahier d'exercices de pleine conscience*, Jouvence, 2012

  Ilios Kotsou propone, en la misma línea que el cuaderno precedente, ejercicios para descubrir y familiarizarse con la meditación mindfulness. Paso a paso, aprendemos a dirigir una mirada nueva sobre la vida para apreciarla en toda su riqueza.

«El secreto del cambio radica
en concentrar toda la energía en
construir el futuro, no en luchar
contra el pasado.» SÓCRATES

NOTAS

CAPÍTULO 1
RESPONDER AL MALESTAR CONTEMPORÁNEO

1. Hillesum E., *Une vie bouleversée-Journal (1941-1943),* Seuil, París, 1995.
2. «Il était une fois Pierre Rabhi», *Kaizen*, especial n° 1, enero de 2013, pág. 123.
3. Hessel S., *À nous de jouer*, Autrement, París, 2013, pág. 155.
4. Creswell J.D., Irwin M.R., Burklund L.J., Lieberman M.D., Arevalo J.M.G., Ma J., Crabb Breen E., Cole S.W., «Mindfulness-Based Stress Reduction Training Reduces Loneliness and Pro-Inflammatory Gene Expression in Older Adults: A Small Randomized Controlled Trial», *Brain, Behavior, and Immunity*, 2012.
5. Condon P., Desbordes G., Miller W., DeSteno D., «Meditation increases compassionate responses to suffering», In Press, Psychological Science, 2013.
6. www.incgalites.fr/spip.phpparticlcl393
7. www.who.int/mental_health/managcment/dcpression/wfmh_paper_depression_wmhd 2012.pdf
8. www.who.int/mental_heaIth/managementydepressionA-vfmh_paper_depression_wmhd_2012.pdf

9. Rockstrom J., *et al.*, «Planetary boundaries: exploring the safe operating space for humanity», *Ecology and Society*, 2009, 14(2), pág. 32.
10. *Ibid.*
11. Mace G., *et al.*, *Biodiversity in Ecosystems and Human Well-being: Current State and Trends* (comps. Hassan H., Scholes R. y Ash N.), Island Press, Washington, 2005, 4, págs. 79-115.
12. Pan A., Sun Q., Bernstein A.M, Schulze M.B., Manson J.E., Stampfer M.J., Hu F.B., «Red meat consumption and mortality: results from 2 prospective cohort studies», *Archives of internal medicine*, 2012, 172(7), pág. 555.
Estos análisis han tenido en cuenta los factores de riesgo de enfermedades crónicas, como la edad, el índice de masa corporal, la actividad física, los antecedentes familiares de enfermedades cardíacas o de cánceres importantes.

CAPÍTULO 2
LIBERARSE DE UNA SOCIEDAD ALIENANTE

1. Van Boven L., «Experientialism, materialism, and the pursuit of happiness», *Review of General Psychology*, 2005, 9(2), págs. 132-142.
2. Kasser T, *The high price of materialism*, Bradford Book, Cambridge (EE.UU.), 2002.
3. Twenge J.M., Campbell W.K., Freeman E.C., «Generational differences in young adults' life goals, concern for others, and civic orientation, 1966-2009», *Journal of Personality and Social Psychology*, 2012, 102(5): págs. 1.045-1.062.
4. Thoreau H.D., *La Vie sans principes*, Mille et Une Nuits, París, 2004.
5. Heyne A., *et al.*, «An animal model of compulsive food-taking behaviour», *Addiction Biology*, 2009, 14, págs. 373-383.

6. Wansink B., *et al.*, «The largest last supper: depictions of portions size and plate sizes increased over the millenium», *International Journal of Obesity,* 2010, 34, págs. 943-944.
7. Sampey B.P., *et al.*, «Cafeteria diet is a robust model of human metabolic syndrome with liver and adipose inflammation: comparison to high-fat diet», *Obesity,* 2011,19, págs. 1.109-1.117.
8. Vohs K.D., Mead N.L., Goode M.R., «The psychological consequences of money», *Science*, 2006, 314, págs. 1.154-1.156.
9. Park B.J., *et al.*, «The physiological effects of Shinrin-yoku (taking in the forest atmosphere or forest bathing): evidence from field experiments in 24 forests across Japan», *Environmental Health and Preventive Medicine*, 2010, 15, págs. 18-26.
10. Killingsworth M.A., Gilbert D.T., «A wandering mind is an unhappy mind», *Science*, 2010, 330, pág. 932.
11. Darley J.M., Batson C.D., «"From Jerusalem to Jericho": a study of situational and dispositional variables in helping behavior», *Journal of Personality and Social Psychology*, 1973, 27(1), págs. 100-108.
12. Vartanian L.R., *et al.*, "Are we aware of the external factors that influence our food intake?", *Health Psychology*, 2008, 27(5): pp. 533-538.
13. Guegen N., *100 petites experiences de psychologie du consommateur pour mieux comprendre comment on vous influence*, París, Dunod, 2005.
14. *Véase* por ejemplo la revista *Psychology & Marketing*, publicada por el editor científico estadounidense John Wiley.
15. Brown K.W., Kasser T., "Are psychological and ecological well-being compatible? The role of values, mindfulness, and lifestyle", *Social Indicators Research*, 2005, 74: pp. 349-368.
16. Nielsen L., Kaszniak A.W., "Awareness of subtle emotional feelings: a comparison of long-term meditators and nonmeditators", *Emotion*, 2006, 6(3): pp. 392-405.

CAPÍTULO 3
MINDFULNESS (ATENCIÓN PLENA): LA REVOLUCIÓN EN EL CORAZÓN DE UNO MISMO

1. Fuente: DS Black (2013), Mindfulness Research Guide, www.mindful-experience.org.
2. Fue con motivo del Summer Research Institute organizado por Mind & Life en junio de 2008 en Garrison, cuandoe Matthieu Ricard e Ilios Kotsou imaginaron la primera conferencia de Émergences, consagrada a mindfulness.
3. www.mindandlife.org para obtener información sobre los programas y recursos.
4. Holzel B.K., Carmody J., Vangel M., Congleton C., Yerramsetti S.M., Card T., Lazar S.W., "Mindfulness practice leads to increases in regional brain gray matter density", *Psychiatry Research: Neuroimaging*, 2010, doi:10.1016/j.psychresns.2010.08.006.
5. Holzel B.K., Carmody J., Evans K.C., Hoge E.A., Dusek J.A., Morgan L., Pitman R., Lazar S.W., "Stress reduction correlates with structural changes in the amygdala", *Social Cognitive and Affective Neurosciences Advances*, 2010, 5(1): pp. 11-17.
6. Segal Z.V., Williams J.M.G. Teasdale J.D., *Mindfulness-Based Cognitive Therapy for Depression*, Nueva York, Guilford, 2012.
7. Kabat-Zinn J., Wheeler E., Light T., Skillings A., Scharf M., Cropley T.G., Hosmer D., Bernhard J., "Influence of a mindfulness-based stress reduction intervention on rates of skill clearing in patients with moderate to severe psoriasis undergoing phototherapy (UVB) and photochemotherapy (PUVA)", *Psychosom Med*, 1998, 60: pp. 625-632.
8. El programa aparece descrito en detalle en el libro *Au coeur de la tourmente, la pleine conscience*, París, De Boeck, 2009 y 2014.

9. Davidson R.J., Kabat-Zinn J., Schumacher J., *et al.*, "Alterations in brain and immune function produced by mindfulness meditation", *Psychosom Med,* 2003, 65: pp. 64-570.
10. Simons D.J., Chabris C.F., "Gorillas in our midst: Sustained inattentional blindness for dynamic events", *Perception*, 1999, 28: pp. 1.059-1.074.
11. Massachusetts Institute of Technology.

CAPÍTULO 4
MAÑANA, UN MUNDO DE ALTRUISTAS

1. Weng H.Y., Fox A.S., Shackman A.J., Stodola D.E., Caldwell J.Z.K., Olson M.C, Rogers G., Davidson R.J.(In Press), "Compassion training alters altruism and neural responses to suffering", *Psychological Science*, NIHMSID: 440274.
2. En algunos centros escolares de Norteamérica y de algunos países de Europa se enseñan formas de meditación que asocian el análisis intelectual al desarrollo de la atención, de la consciencia plena y la benevolencia. Greenland, S.K., *The Mindful Child: How to Help Your Kid Manage Stress and Become Happier, Kinder, and More Compassionate*, Nueva York, The Free Press, 2010. Igualmente, en lo tocante a la práctica de la consciencia plena (mindfulness) en la educación parental: pp. Kabat-Zinn J. & M., *À chaque jour ses prodiges*, París, Les Arènes 2012.
3. Fredrickson B.L., Cohn M.A., Coffey K.A., Pek J., Finkel S., "Open hearts build lives: positive emotions, induced through loving-kindness meditation, build consequential personal resources", *Journal of Personality and Social Psychology*, 2008, 95(5), p. 1.045.
4. Kok B.E., Coffey K.A., Cohn M.A., Catalino L.I., Vacharkulksemsuk T., Algoe S.B., Brantley M., Fredrickson B.L., "Positive emotions drive an upward spiral that links social connections

and health", Manuscrito en revisión, 2012; Kok B.E., Fredrickson B.L., "Upward spirals of the heart: Autonomic flexibility, as indexed by vagal tone, reciprocally and prospectively predicts positive emotions and social connectedness", *Biological Psychology*, 2010, 85(3), pp. 432-436.
5. Fredrickson B., *Love 2.0: How Our Supreme Emotion Affects Everything We Feel, Think, Do, and Become,* Nueva York, Hudson Street Press, 2013.
6. *Ibid.* Le estoy muy reconocido a B.Fredrickson por haberme enviado las pruebas de su libro antes de su publicación.
7. Kasser T., *The high price of materialism*, Cambridge, The MIT Press, 2003.

CAPÍTULO 6
LA CONSCIENCIA EN ACCIÓN

1. Overmier J.B., Seligman M.F.P., "Effects of inescable shock upon subsequent escape and avoidance responding", *Journal of Comparative And Physiological*, 1967, 63, pp. 28-33.
   Seligman M.E.P., Maier S.F., "Failure to escape traumatic shock", *Journal of Experimental Psychology*, 1967, 74, pp. 1-9.
2. Bandura A., *Auto-efficacité: le sentiment d'efficacité personnelle*, París, De Boeck, 2007, 859.
3. Kotsou I., Lesire C, *Psychologie positive: le bonheur dans tous ses états,* Archamps, Jouvence, 2011, p. 224.
4. Machado A., *Proverbios y cantares*, Canto xxix, Campos de Castilla, 1912.
5. Hessel S., *À nous de jouer*, París, Autrement, 2013, p. 153.
6. Emmons R., *Merci! Quand la gratitude change nos vies*, París, Belfond, 2008.
7. Comte-Sponville A., *Petit Traité des grandes vertus*, París, Seuil, col. "Points", 2006.

8. Grant A.M., Gino E, "A little thank goes a long way explaining why gratitude expression motivate prosocial behavior", *Journal of Personnality and Social Psychology*, 2010, 98 (6), pp. 946-955.
9. Algoe S., Haidt J., "Witnessing excellence in action the 'other-praising' emotions of elevation, admiration and gratitude", *Journal of Positive Psychology,* 2009, 4, pp.105-127.
   Haidt J., "Elevation and the positive psychology of morality", en C.L.M. Keyes y J. Haidt (comps.) *Flourishing: Positive Psychology and the Life Well-Lived,* Washington, American Psychological Association, 2003, pp. 275-289.
10. Schnall S., Roper J., Fessler D., "Elevation leads to altruistic behavior", *Psychological Science*, 2010.
11. "Il était une fois Pierre Rabhi", *Kaizen*, especial n°1, enero de 2013, p. 123.
12. Con motivo de un encuentro en 2013.
13. Morin E., Viveret P., *Comment vivre en temps de crise?*, París, Bayard, 2010.

EPÍLOGO

TODO EMPIEZA AQUÍ

1. Longchenpa, *Dans le confort et l'aise, 1. l'Esprit*, París, Le Publieur, 2002.

AGRADECIMIENTOS

Gracias a todos aquellos y aquellas sin quienes este libro no hubiera sido posible: Jean-Gérard Bloch, Caroline Bourret, Pascale Chrétien, Alain Deluze, Olivier de Lathouwer, Martine Dory, Rhéa d'Almeida, Patrick Guilmot, Geneviève Hamelet, Luc-Michel Hendrick, Marie Lesire, Yen Le Van, Thierry Plompen, Clément Tisseuil, Gina Van Hoof y Olivier Vin.

Gracias a la fotógrafa Annie Griffiths por habernos permitido reproducir la imagen que abre este libro.

Gracias a Catherine Meyer, Sophie de Sivry, Sara Deux y Jean-Baptieste Noailhat, de Éditions de L'Iconoclaste, por haber creído en este proyecto y haberlo seguido con tanta atención, cuidado y amor.

Finalmente, gracias a todos y todas los que, gracias a su actitud interior y sus acciones, nos inspiran y contribuyen a la emergencia de un mundo mejor.

AUTORES DE LAS FOTOGRAFÍAS

DEL INTERIOR

Página 16: Annie Griffiths, Ripple Effect Images; páginas 28-29; Matthieu Ricard; página 42: Florian Kleinefenn; páginas 54-55: Gina Van Hoof; página 72: Tony Maciag, Center for Mindfulness; páginas 82-83: Olivier Vin; página 102: Pierre Verdy/AFP ImageForum; páginas 112-113: Matthieu Ricard; página 128: Laurent Villeret/picturetank; páginas 134-135: Gina Van Hoof; página 162: DR; páginas 172-173: Les Enfants de la Rue – Brésil; página 182: Matthieu Ricard; página 236: Samusocial; páginas 252-253: DR.

DE LA CUBIERTA

© Florian Kleinefenn
© Tony Maciag, the Center for Mindfulness photographer
© Laurent Villeret/picturetank
© Pierre Verdy/AFP ImageForum